"十四五"时期国家重点出版物出版专项规划项目

HYPOTHESIS OF "UNCONVENTIONAL NUTRITION IS NECESSARY UNDER STRESS" AND APPLICATION OF SILICON IN AGRICULTURE

非常规营养逆境必需假说及硅元素农业应用

陈保青　董雯怡　李文倩　刘　晓　等　著

中国农业科学技术出版社

图书在版编目（CIP）数据

非常规营养逆境必需假说及硅元素农业应用/陈保青等著. --北京：中国农业科学技术出版社，2024.5

ISBN 978-7-5116-6732-8

Ⅰ.①非… Ⅱ.①陈… Ⅲ.①植物矿质营养—研究 ②硅—应用—农业—研究 Ⅳ.①Q945.12 ②S13

中国国家版本馆CIP数据核字(2024)第060328号

责任编辑　金　迪
责任校对　李向荣
责任印制　姜义伟　王思文

出 版 者	中国农业科学技术出版社 北京市中关村南大街12号　邮编：100081
电　　话	（010）82106625（编辑室）　（010）82106624（发行部） （010）82109709（读者服务部）
网　　址	https://castp.caas.cn
经 销 者	各地新华书店
印 刷 者	北京建宏印刷有限公司
开　　本	185 mm×260 mm　1/16
印　　张	10.75　彩插7页
字　　数	238千字
版　　次	2024年5月第1版　2024年5月第1次印刷
定　　价	89.00元

◆━━◆ 版权所有·侵权必究 ◆━━◆

《非常规营养逆境必需假说及硅元素农业应用》著者名单

主　　著	陈保青　董雯怡　李文倩　刘　晓
副 主 著	夏　婕　董晓霞　祝文琪　刘海明
	韩明明　滑　璐
参著人员	陈保青　董雯怡　李文倩　刘　晓
	夏　婕　滑　璐　董晓霞　祝文琪
	刘海明　韩明明　边文波　李　芳
	王蔚然
特别顾问	王亮方　张慧英　孙　城

前言

中国粮食安全问题一直是党中央和国际社会高度关注的焦点。我国自2022年底发起新一轮千亿斤粮食产能提升行动，但几大主粮的单位面积产量都已到达高位，耕地规模继续扩大的空间也已经很小，水土资源已濒临可持续利用极限，采用何种技术路径实现新一轮千亿斤粮食产能提升尚未有明确答案。与此同时，我国农业发展正面临从数量型发展向质量型发展的转型阶段，如何在维持生态可持续的前提下实现农产品产量提升，是国家农业绿色发展战略中面临的重要科学难题。肥料是粮食的粮食，肥料对产量的提升起到了重要推动作用，但也造成了严重的环境生态问题，在新一轮千亿斤粮食产能提升与国家农业绿色发展中需要新的施肥理论与技术支撑。本书在李比希的植物矿质营养学说、归还律学说和最小养分定律三大学说和植物必需元素理论基础上，原创性地提出了非常规营养逆境必需假说，并对硅——这一自然界最丰富的非常规营养元素在农业方面的应用效果进行了系统性报道，对未来以逆境为核心的植物营养学科和产业发展进行了描绘。

本书共九章，第一章全球生态演变与非常规营养逆境必需假说，疏理了历史上工业革命和第一次绿色革命所带来的生态系统无序化演进，并提出了非常规营养逆境必需假说，阐述了其在全球生态系统逆境增加情况下的应用价值；第二章至第八章主要以自然界最丰富的非常规营养——硅为例，解释了硅元素在土壤-植物体系中的转化和吸收机制、硅肥发展历程与生产工艺，以及硅在气象胁迫、盐碱胁迫、重金属胁迫、生物胁迫、隐性胁迫条件下的作物生产力提升机理和效果；第九章进一步地提出了逆境非常规营养两个推论与逆境植物营养学的两个基本问题。

本书中各项工作的开展及出版是在中国农业科学院农业环境与可持续发展

研究所、中国农业科学院数字农业农村研究院（淄博）/淄博数字农业农村研究院、中国农业科学院北方农牧业技术创新中心、淄博市农业科学研究院和淄博乐悠悠农业科技有限公司的科技工作者和推广人员共同努力，以及"精准水肥管理与高标准农田建设示范""精准水肥施用装备与数字农田托管服务系统创制""密植高产与作物风味调控技术研发与示范"、中国农业科学院科技创新工程等项目资助下完成的，相关评价工作的开展受到了山东、安徽、新疆等地农业研究和推广部门的大力支持。在此表示衷心的感谢！

由于时间和水平限制，本书还存在许多不足，仍需进一步改进。希望本书所提出的理论、案例总结和实证案例，能够为新时期的全球生态治理、农业绿色发展和新型肥料产业提供理论依据和技术支撑。

陈保青
2024 年 3 月 10 日

目 录

第一章 全球生态演变与作物非常规营养逆境必需假说 …… 1
 1.1 全球生态演变与第二次绿色革命 …… 1
 1.2 非常规营养逆境必需假说及其在第二次绿色革命中的潜在价值 …… 3
 1.3 硅——最丰富的非常规营养元素 …… 5

第二章 硅在土壤－植物体系中的转化与植物吸收机制 …… 8
 2.1 土壤中的硅 …… 8
 2.2 植物对硅的吸收、转运和沉积 …… 12
 2.3 植物－土壤体系硅循环特征 …… 18
 2.4 小结 …… 19

第三章 硅肥生产技术发展历程及生产工艺 …… 28
 3.1 硅肥生产技术发展简介 …… 28
 3.2 硅肥生产加工工艺 …… 30
 3.3 小结 …… 47

第四章 硅在抵抗逆境气候方面的应用 …… 53
 4.1 逆境环境条件对植物的影响 …… 53
 4.2 逆境条件下硅对植物的调控效应与影响 …… 59
 4.3 小结 …… 67

第五章 硅在改良盐碱地方面的应用 …… 77
 5.1 盐碱胁迫危害程度划分与危害机理 …… 77
 5.2 硅对盐碱胁迫的缓解机理 …… 80
 5.3 硅在盐碱地中的应用 …… 87

5.4　小结 …… 89

第六章　硅对重金属污染的缓解效应 …… 95
　　6.1　重金属对植物和食物链的危害机理 …… 96
　　6.2　硅对重金属污染的缓解机理 …… 99
　　6.3　硅在缓解重金属胁迫中的应用 …… 100
　　6.4　小结 …… 102

第七章　硅对生物胁迫的抗性提升 …… 111
　　7.1　植物应对生物胁迫的抗性反应 …… 111
　　7.2　硅对植物抗病性的影响 …… 116
　　7.3　硅对植物抗虫性的影响 …… 118
　　7.4　硅在提升植物病虫害抗性中的应用 …… 120
　　7.5　小结 …… 126

第八章　硅在隐性逆境条件下对作物生产力的影响 …… 134
　　8.1　硅在隐性逆境条件下对作物生产力影响的统计分析 …… 134
　　8.2　硅在隐性逆境条件下对作物生产力影响的实证研究 …… 140
　　8.3　硅对隐性胁迫下作物生产力作用的影响因素 …… 143
　　8.4　小结 …… 146

第九章　逆境非常规营养两个推论与逆境植物营养学的两个基本问题 …… 152
　　9.1　关于逆境非常规营养的两个推论 …… 152
　　9.2　关于未来逆境植物营养学发展的两个问题 …… 153

彩图 …… 157

第一章
全球生态演变与作物非常规营养逆境必需假说

1.1 全球生态演变与第二次绿色革命

在地球46亿年的演变史中，人类是地球上出现的最富有创造力的物种，创造了辉煌的人类文明史。人类的起源可追溯到200万年前，最早的人类祖先是直立行走的类人猿，他们开始使用简单的工具，并学会合作狩猎，随着时间的推移，人类的大脑逐渐发展，智力水平不断提高，约7 000年前，人类开始农业革命，从狩猎采集生活方式过渡到定居农耕，此后3 000年前到500年前，古中国、古埃及、古印度等许多伟大的古代文明相继出现，500～600年前，出现于欧洲的资产阶级思想解放运动，推动了世界文化的发展，开启了现代化征程，18世纪末到19世纪初的工业革命彻底改变了人类社会的面貌，工业革命的爆发带来了机械化生产、大规模工厂和新的能源利用方式，这种变革推动了经济的迅猛增长，同时也引发了城市化、社会分工和阶级分化等社会变革。第二次世界大战后，各国人口呈现出快速增长，人口增长与粮食供应不足之间矛盾日益凸显，饥饿在全球蔓延。于20世纪60年代开始，席卷全球的第一次绿色革命，以植物常规育种和杂交育种，以及与高产品种配套的灌溉技术、化肥和杀虫剂为主要技术依托，实现了全球粮食产量的大幅提升（Evenson and Gollin，2003；Pingali，2012）。据联合国粮食及农业组织统计，从1960年到1990年，世界谷物产量从8.47亿吨增加到17.80亿吨，年均增长3%，人均粮食增加了27%，极大程度解决了全球人口和粮食供求矛盾所引起的饥饿问题，对人类社会的发展历程起到了重大的推动作用。

然而人类历史上的工业革命对地球的生态环境带来了不可逆的影响。从工业革命开始直到现在，化石燃料的大规模使用撑起了人类的工业文明，但却给地球环境带来巨大压力。在南极冰盖采集的冰芯表明，从40万年前直到工业革命开始前，大气中的二氧化碳浓度始终稳定在180～280mg/L，但工业革命以来地球大气中二氧化碳含量的增加趋势，是一条陡峭得几乎垂直的线，2013年5月，大气中的二氧化碳浓度首次突破 400mg/L，2019 年 5 月，大气中的二氧化碳浓度已经超过 415mg/L，达到了第四纪开始以来的峰值。如果完全不控制温室气体的排放，在未来的 300 年内，温室效应会使地球平均气温上升 6~10℃。全球气候变化导致了各类气象灾害发生频率日益增大，气候变化对农业生产的影响日益凸显。

第一次绿色革命在带来全球农业快速发展的同时，所产生的负面效应也是显著的。1962 年美国科普作家蕾切尔·卡逊出版的《寂静的春天》一书中描述的化学药剂对大自然和人类健康产生的毒害，从侧面体现出第一次绿色革命所形成的全球性负面影响。为了增加粮食生产和木材出口，美国农业部放任财大气粗的化学工业界开发 DDT 等剧毒杀虫剂，并不顾后果地执行大规模空中喷洒计划。导致鸟类、鱼类和益虫大量死亡，而害虫却因产生抗体而日益猖獗。化学毒性通过食物链进入人体，诱发癌症和胎儿畸形等疾病。作为第一次绿色革命曾经支撑起全球近一半作物产量的化肥，其对生态环境所产生的影响也是显而易见的。在托马斯-哈格的《空气的炼金术》(*The Alchemy of Air*) 一书中，曾将哈伯-博世合成氨工艺的发明誉为"把空气变成面包"。在第一次绿色革命中，通过合成氨技术所生产的氮肥在全球范围内的推广使全球粮食产量几乎翻倍，养活了全球近一半的人口（Erisman et al., 2008）。但大量氮肥的施用所产生的环境代价是显著的，欧洲的一份研究报告曾对此进行估算，氮素在欧盟所引发的包括人体健康、生态系统和气候变化等方面的环境成本高达 700 亿~3 200 亿欧元，其中水体氮素污染、氨挥发和氧化亚氮排放等途径大部分来源于农业生产（Sutton et al., 2011）。水资源是农业生产的命脉，现代灌溉技术与装备的发展在短期内解决了干旱等胁迫对农业生产的影响，大幅提高了作物产量，但单纯依靠开采水资源所造成的后果是毁灭性的。全球水足迹约为 9 087Gm^3/年，其中农业生产占总水足迹的 92%（Hoekstra and Mekonnen，2012）。2018 年 8 月 24 日出版的《科学》(*Science*) 发表了题为"灌溉效率悖论"(*The paradox of irrigation efficiency*) 的论文，这项研究有来自 8 个国家的 11 名自然科学家与社会科学家组成的多学科团队参与，文章指出世界各国采取提高灌溉效率的政策往往事与愿违，提高灌溉效率却未必节水，面临着提高灌溉效率却极少能降低耗水量的节水困境。而这一悖论正在全球各个农业产区被一一印证。我国华北地区自 1980 年以来地下水浅层以每年（0.46±0.37）m、深层以每年（1.14±0.58）m 的速度下降，成为世界上面积最大的地下水漏斗区。在引发地下水资源急速下降的同时，大规模灌溉使得地下水中盐分持续在有限的土壤耕层中积累，引发海水倒灌，加剧土壤盐碱化的发生。

任何事物的发展都无法逃脱一条定律——"熵增定律"，人类文明发展催生了高度发达的农耕文明，人类的智慧在地球漫漫时间长河中并非创造了新的运行规则，而仅仅是加速了地球生态系统从有序向无序的熵增过程。极端气象天气发生频率、土地污染和土壤退化程度、水资源紧缺程度的增加，生物多样性的丧失正在以有形可见的方式作用于农业——这一人类文明发展的基础，试图湮灭这一文明进程，按下地球生态系统的"重启键"。在意识到这一点后，人类开始发起了第二次绿色革命，如果说第一次绿色革命的目标是解决人口增长与食物短缺的矛盾，第二次绿色革命的目标则是在解决食物质量和食物高产与生态环境可持续性之间的矛盾。第二次绿色革命最初采取的思路是"替代农业"思想。1972年，国际有机农业运动联盟在法国成立，在全球推广有机农业替代化石农业的思想和标准，引导全球有机农业的发展，其试图采用有机农业的模式重新建立土壤、植物、动物、人类和整个地球的健康之间的系统性关系，达到保护当前人类和子孙后代的健康和福利，同时保护环境的目的。但是，经过近半个世纪的发展，有机农业对全球农业和环境改善的效果并不明显。据《2020年全球有机农业发展报告》数据，有机农地占比仅为1.5%，在最先推广的欧洲其占比也仅为3.1%，有机农业下作物产量较常规农业普遍要低，这无疑增加了有机农产品的获取成本（Seufert et al., 2012），在未来人口增长趋势下，有机农业推广面积越大，其占用土地面积越大，利用剩余土地满足未来人类食物需求的难度也就越大。到目前为止，国际学术界并未从以有机农业为代表的"替代农业"思想上看到第二次绿色革命成功的曙光。未来农业所面临的挑战是前所未有的，一方面，未来人口增长需要更多的食物供应，另一方面，未来农业发展势必是建立在地球生态系统无序化演进所引致的恶劣生态环境条件基础上，并且要最大程度减少农业生产继续破坏生态环境。更为重要的是，必须得到一种普适性的手段，可以非常简便、低成本地应用于不同国家、不同地区的不同作物生产，这是能对地球生态环境产生全局性影响的关键。

1.2 非常规营养逆境必需假说及其在第二次绿色革命中的潜在价值

建立在李比希（Justus von Liebig）的植物矿质营养学说、归还律学说和最小养分定律三大学说基础上的现代植物营养学对全球食物供应起到了至关重要的支撑作用。其中，矿质营养学说于1840年提出，其否定了当时流行的腐殖质营养学说，认为矿物质是营养植物的基本成分，进入植物体内的矿物质为植物生长和形成产量提供了必需的营养物质。此后，1939年阿诺（Arnon）和斯吐特（Stout）提出的植物必需元素判断标准：第一，如果缺少某种营养元素，植物就不能完成其生活周期；第二，如果缺少某种营养元素，植物呈现专一的缺素症，其他营养元素不能代替它的功能，只有补充它后症状才能减轻或消失；第三，在植物营养上直接参与植物代谢作用，并非由于它改善了植物生活条件所产生的间接作用。据此，碳（C）、氢（H）、氧（O）、氮（N）、磷（P）、钾（K）、钙（Ca）、镁（Mg）、硫（S）、铁（Fe）、锰（Mn）、硼（B）、锌（Zn）、铜（Cu）、钼（Mo）、氯（Cl）、镍（Ni）被认为是植物必需营养元素。现代肥料产业的发展基本围绕补充植物必需养分而展开。

但矿物质营养学说和植物必需元素的界定显然是适用于正常生境条件的，这忽略了两个基本问题：一是在逆境条件下，植物是否可以像在正常生境条件下只需要矿物质就可以完成生活周期？二是在逆境条件下，植物是否只需要正常生境条件下的17种基本元素，逆境条件是否会改变植物的元素需求规律？回到熵增理论，对抗熵增需要额外的物质或能量，如果在逆境中原有的矿质元素可以满足植物的生长需求，植物生长就不会受到逆境干扰，但显然逆境对于植物生长的影响是显著的。事实上，近期的许多研究已经证明了逆境条件确实是需要额外物质或能量投入的。这些非矿物质包括氨基酸、小分子碳水化合物（如乙酸）等（Kim et al., 2017; Ichihashi et al., 2020），非必需元素包括硅、硒、铈、钛等（Zhu and Gong, 2014; Khan et al., 2021; Ahmad et al., 2016; Lyu et al., 2017）。在一些植物学试验中报道，发现在逆境条件下死亡或接近死亡的植物在添加某些元素或物质后可以正常生长（Kim et al., 2017; Ashraf et al., 2010）。

基于这些既有案例，可以得到这样的一条推论：矿质营养物质和必需元素可以满足作物在正常生境下的植物生活周期需求，但在逆境条件下，需要补充额外的物质。非植物必需元素和非矿质营养在逆境条件下具备植物必需元素和矿质营养所无法替代的作用，对于植物在逆境下维持正常生理过程是必需的，其可以在不改变逆境因子的前提下使得植物具备在逆境中正常生长的能力。由于非矿质营养物质和非必需元素在常规植物营养学中都未曾或很少考虑，在此将其定义为非常规营养，将上述推论命名为非常规营养逆境必需假说（unconventional nutrition is necessity under stress）。这一必需有两层含义：一是在逆境条件下，植物必需通过摄入非常规营养来抵抗逆境胁迫，如果没有这种来自非常规营养的抵抗能力，植物必然受到胁迫因素的侵害；二是随着胁迫程度的提高，植物对非常规营养的需求会增加，在某一个临界点，植物对非常规营养的需求会转变为必需，如果没有非常规营养，植物无法完成正常的生命周期。

全球农作物单产水平在很多发达国家和部分发展中国家已经达到高位，继续通过以往的技术手段提升作物产量水平难度巨大，而且会伴随着更大的环境风险产生。非常规营养逆境必需假说对于第二次绿色革命的新的希望在于，其并不是依靠更大程度地增加化肥、农药等投入品来提供更多的食物，也不是彻底抛弃化石农业，重蹈"替代农业"覆辙，而是通过消减逆境因素对农业生产产生影响而推动农业增产。这些逆境因素有的是明显能为人们观测到，比如低温、寡照、盐碱超标、重金属超标等，有的是隐形的，比如某一地块某种元素未达到最适宜作物生产的含量，某一地块种植过密后作物之间相互有遮阴等。逆境因素并不是突发性的，而是无刻不在的，比如一场人们始料未及的大降温属于逆境因素，而每天都存在的昼夜温差也属于逆境因素，这也意味着非常规营养对于农业生产可产生的促进作用是无处不在，无刻不在的。非常规营养的大规模利用并不会产生与氮、磷、钾等化学肥料相似的大气污染和水体污染，因为这些元素的化学活性并不高，并且在缺少植物必需元素情况下，不会造成水体植物暴发式生长。通过非常规营养生物胁迫抗性提高，可以达到少施甚至不施农药的效果，这会对食品安全和生态环境改善产生积极影响。利用非常规营养，也可以人为地创造更多的种植模式，例如某种作物品种的最适宜种植密度为 4 000 株，增加到 5 000 株会由于叶片遮阴、农田通风不良、养分竞争等胁迫因素减产，而通过非常规营养可能抵消作物密度增加所带来的胁迫，使某个作物品种的最适宜密度提高。利用非常规营养，可以允许人们在不消除原有逆境因素的前提下，通过非常规营养与逆境因素之间的"消抵"作用，减少逆境因素改造工程投入的高昂成本。在事实上，人类改造逆境的成本是巨大的，从经济学的角度，必须在实施每一项改造工程之前仔细核算投入的成本与收益。对于许多逆境因素的改变，从经济角度是明显不具有可行性的，如在干旱或海水倒灌的盐碱地，采用大水压盐、暗管排盐等工程措施，由于缺乏灌溉所需水源，在实施上几乎不具有可能性，而利用逆境补偿理论，通过其他物质的补充抵消逆境因素所带来的胁迫是这些土地进行改良利用可行的途径，对于重金属污染地块，如果采用场地污染治理的工程措施，处理成本将非常高昂，而采用逆境非常规营养理论则能非常明显地降低实施成本。此外，人类对于气象类的逆境因素更是无计可施，人工影响天气科学尽管经历了长期发展，也仅仅能在降水方面具有相对有限的实施效果，而未来气候变化所带给农业生产的挑战则是人类通过工程措施所难以改变的。由此，可以认为非常规营养对于未来全球农业的发展至少具有如下意义：

（1）在作物单产达到高位情形下，通过克服明显和不明显、突发和无刻不在的逆境胁迫提供环境友好的产量提升新途径；

（2）改变原有作物适宜种植参数范围，为建立新的高产、高效、绿色农业种植模式和开拓新的种植土地提供实施路径；

（3）降低逆境因素改造工程措施实施成本，使得在不进行或少进行逆境因素工程性改造情况下保障农业生产具有可行性。

1.3　硅——最丰富的非常规营养元素

在众多非常规营养中，硅元素是地壳中含量最为丰富的元素，其在地壳中的含量仅次于氧，居第二位。硅元素在元素周期表中位于碳的下方，与其同主族，和碳元素的许多基本性质相似，历史上有不少学者曾设想过硅基生命的存在，其中波茨坦大学的天体物理学家儒略申纳（Julius Sheiner）是目前据资料可查第一个提出以硅为基础的生命存在的可能性的学者（Umamaheswari et al., 2016）。人们猜测"硅基生命"相比于"碳基生命"可能更适合在极端的环境中生存，拥有比碳基生命更为久远的生命周期。2016 年，加州理工大学研究人员发现一种生活在温泉中的细菌所形成的天然酶物质可以在给细胞提供合适的含硅化合物的时候在活体大肠埃希菌细胞内形成碳硅键（Kan et al., 2016）。不少研究人员也发现硅除了在植物体中以二氧化硅存在，在植物体细胞壁上还存在一种与半纤维素交联形成的有机硅化合物（Pu et al., 2021；He et al., 2015）。这些发现打破了原本对于硅只能出现在生物无机化合物中的认知，证明了硅是可以出现在有机生物体中的碳链之中。可以确定的是，地球上是存在纯碳基生命和碳、硅复合生命形态的（Gobato et al., 2022）。阿诺和斯吐特所提出的植物体必需元素正是纯碳基生命存在的最好证明，因为植物体可以完全不需要硅在正常生境条件下完成生活周期。而碳、硅复合生命体可能更是比比皆是，因为硅元素分布是十分广泛的，地壳中的硅元素可以以多种途径为生物所吸收利用。对于纯硅基的生命体，或许并不像我们认为的是由自然界创造的，这一生命体可能正是由人类所发展的人工智能技术，其生命周期更为长久且对于生态环境适应性更强。

抛开一些关于硅基生命尚未得到充分证据的设想，回归到碳、硅元素生命功能的协调问题上，倘若纯硅基生命具有比纯碳基生命更为强劲的生命力，那么处于碳、硅过渡的复合生命形态会不会具有比纯碳基生命更高的生命力？植物体会不会随着体内硅元素含量的增加而呈现出生命力增强的现象？如果上述规律是成立的，那么我们能否通过向植物体人为提供硅元素进而提高植物体的生命力和抵抗逆境的能力？进一步地，通过让人类食用富含硅元素的食品是否也可能同样提高人体的生命力？

硅元素虽然分布广泛，但主要的存在形态为二氧化硅、硅酸盐矿物和硅酸铝等，只有经过漫长的转化过程，形成单硅酸才能被作物根系吸收。土壤中硅元素含量虽然高，但作物可吸收利用的硅含量甚微，加之常年收获作物和土壤径流带走大量有效硅，农业生产中的作物含硅量可能并未达到能充分发挥其生命力的碳硅比。如果上述问题的答案是肯定的，那这些结论无疑为通过人为补充作物有效硅，提高作物生命力提供了重要机会。取之不尽、用之不竭的硅元素很可能以其低廉的获取成本而在第二次绿色革命中提供普适性增产途径，有效地提高作物体对地球生态系统熵增过程所已经产生和将要产生的气候变化、土壤污染、土壤退化等各种逆境环境的抵抗能力。

当前，全球已经开展了许多通过提高作物硅含量来增加作物产量和逆境抵抗能力的室内模拟试验和小部分田间试验。这些试验所揭示出的硅元素对作物体生命力的改善让我们重新看到了其大规模应用，缓解人口增长与食物产量矛盾、解决食物质量和食物高产与生态环境可持续性之间的矛盾的可能性。因此，本书对这些研究以及笔者所开展的试验进行了总结，一方面为在第二次绿色革命中更大程度地发挥硅元素作用提供理论支持和实践参考，另一方面进一步论证和发展逆境非常规营养的相关理论和观点。

（本章主著：陈保青）

参考文献

AHMAD R, WARAICH E A, NAWAZ F, et al., 2016. Selenium (Se) improves drought tolerance in crop plants-a myth or fact[J]. Journal of the Science of Food and Agriculture, 96(2): 372-380.

ASHRAF M, AFZAL M, AHMAD R, et al., 2010. Silicon management for mitigating abiotic stress effects in plants[J]. Plant Stress, 4(2): 104–114.

ERISMAN J W, SUTTON M A, GALLOWAY J, et al., 2008. How a century of ammonia synthesis changed the world[J]. Nat. Geosci, 1: 636–639.

EVENSON R E, GOLLIN D, 2003. Assessing the impact of the Green Revolution, 1960 to 2000[J]. Science, 300(5620): 758–762.

GOBATO R, HEIDARI A, MITRA A, et al., 2022. The possibility of silicon-based life[J]. Bulletin of Pure & Applied Sciences-Chemistry, 41(1): 52–58.

HE C, MA J, WANG L, 2015. A hemicellulose-bound form of silicon with potential to improve the mechanical properties and regeneration of the cell wall of rice[J]. New Phytologist, 206(3): 1051–1062.

ICHIHASHI Y, DATE Y, SHINO A, et al., 2020. Multi-omics analysis on an agroecosystem reveals the significant role of organic nitrogen to increase agricultural crop yield[J]. Proceedings of the National Academy of Sciences, 117(25): 14552-14560.

KAN S J, LEWIS R D, CHEN K, et al., 2016. Directed evolution of cytochrome C for carbon-silicon bond formation: Bringing silicon to life[J]. Science, 354(6315): 1048–1051.

KHAN M N, LI Y, KHAN Z, et al., 2021. Nanoceria seed priming enhanced salt tolerance in rapeseed through modulating ROS homeostasis and α-amylase activities[J]. Journal of Nanobiotechnology, 19(1): 1–19.

KIM J, TO T K, MATSUI A, et al., 2017. Acetate-mediated novel survival strategy against drought in plants[J]. Nature Plants, 3(7): 1–7.

LYU S, WEI X, CHEN J, et al., 2017. Titanium as a beneficial element for crop production[J]. Frontiers in Plant Science, 8: 597.

PINGALI P L, 2012. Green revolution: impacts, limits, and the path ahead[J]. Proceedings of the National Academy of Sciences, 109(31): 12302–12308.

PU J, WANG L, ZHANG W, et al., 2021. Organically-bound silicon enhances resistance to enzymatic degradation and nanomechanical properties of rice plant cell walls[J]. Carbohydrate Polymers, 266: 118057.

SEUFERT V, RAMANKUTTY N, FOLEY J A, 2012. Comparing the yields of organic and conventional agriculture[J]. Nature, 485(7397): 229–232.

SUTTON M A, OENEMA O, ERISMAN J W, et al., 2011. Too much of a good thing[J]. Nature, 472(7342): 159–161.

UMAMAHESWARI T, SRIMEENA N, VASANTHI N, et al., 2016. Silica as biologically transmutated source for bacterial growth similar to carbon[J]. Matters Archive, 2(3): e352462907.

ZHU Y, GONG H, 2014. Beneficial effects of silicon on salt and drought tolerance in plants[J]. Agronomy for Sustainable Development, 34: 455–472.

第二章
硅在土壤-植物体系中的转化与植物吸收机制

硅（Si）是土壤中含量第二丰富的元素，在自然界中很少以纯元素的形式出现，最常见的是与氧结合形成固体硅酸盐矿物或无定形化合物（包括生物硅），或者在水溶液中以单硅酸［$Si(OH)_4$］的形式出现（Iler, 1979; Conley, 2002）。土壤中，硅酸盐矿物经历化学和物理风化过程，少部分转化为可溶性硅。这些可溶性硅可能与其他元素结合，形成黏土矿物，或者通过地表径流进入河流和海洋，又或者被植被吸收（Guntzer et al., 2012）。

尽管土壤中硅元素含量很高，但植物是否缺硅主要取决于土壤中有效硅的含量，而非全硅含量。有效硅的供应与植物的硅营养状态密切相关，对植物的生长发育和抗逆性有重要影响。本章主要介绍了土壤中有效硅的形态和影响因素，植物对硅的吸收转运机制以及植物-土壤体系硅循环特征，深入了解硅在土壤-植物体系的存在及循环机制对于提高农业生产和土壤健康具有重要意义。

2.1 土壤中的硅

土壤中的硅总丰度通常在25%～35%，广泛存在于370多种成岩矿物中（Sommer et al., 2006; Tubana et al., 2016），但在高度风化的土壤中，特别是在热带地区的砖红壤或赤红壤中，由于脱硅和富铝化作用极其活跃，土壤中的硅含量可能会低至1%以下。土壤中硅的含量主要取决于成土过程，从而最终取决于土壤类型。硅在土壤中主要以硅酸盐矿物和二氧化硅的形式存在，可占土壤无机成分的75%～95%，只有少量可溶于土壤溶液中。土壤溶液中的水溶性硅，可以吸附在土壤黏粒、土壤有机质和有机无机复合物等土壤中的无机、有机和有机无机胶体表面（Liang et al., 2015）。

2.1.1 土壤中硅的形态

土壤中硅分为有机态和无机态两种，有机态硅数量较无机态硅相对较少，而无机态硅在土壤中以结晶态和非结晶态两种形式存在（刘鸣达和张玉龙，2001）。

结晶态硅主要有两种类型，一类是硅与铝或其他元素结合形成的硅酸盐矿物，如沸石、云母、橄榄石等；另一类是单纯的二氧化硅，如结晶态的石英、鳞石英、方石英等。根据硅与其他元素结合方式的不同，硅酸盐矿物又可分为岛状硅酸盐、环状硅酸盐、网状硅酸盐、层状硅酸盐、链状硅酸盐五类（Hurlbut and Klein, 1985; Deer et al., 1992）。大多数土壤中，95%以上的硅以结晶态形式存在，结晶态硅可通过风化作用缓慢地释放出来被作物吸收利用，但一般风化较强的地区硅的淋溶也强，所以在短时间尺度上，结晶态硅对于作物硅素营养意义不大（刘鸣达和张玉龙，2001; Liang et al., 2015; 杨孝民，2021）。

非结晶态硅主要包括水溶态硅、交换态硅、胶体态硅和无定型硅等。水溶态硅是溶于土壤中的硅，在土壤溶液中主要存在形式是单硅酸，其浓度为 $0.1\sim 0.6\text{mmol}\cdot\text{L}^{-1}$，远低于饱和单硅酸溶液浓度（Liang et al., 2015; Mandlik et al., 2020）。交换态硅是指吸附在土壤固相上的单硅酸，它与土壤水溶态硅之间保持着动态平衡，是土壤有效硅的组成部分。胶体态硅较易溶解，也是有效硅的组成部分，由单硅酸聚合而成，在一定的土壤环境中单硅酸达到饱和时可聚合成为聚硅酸，聚硅酸聚合到一定程度形成硅酸溶胶，当溶胶浓度过高或外界条件改变时又会生成硅酸凝胶。无定形硅包含两类：无定形二氧化硅和无定形铝硅酸盐，以前者为主。无定形二氧化硅由硅酸凝胶脱水而成；无定形铝硅酸盐是硅酸凝胶与氢氧化铝、氢氧化铁凝胶共同形成的混合凝胶。不同非晶态硅之间存在着水化/脱水、吸附/解吸、聚合/解聚等多重相互转化过程，对于植物的硅素营养以及硅在土壤–植物体系中的循环具有重要意义（图2-1）（刘鸣达和张玉龙，2001; Yang et al., 2020; 刘丽君 等, 2021）。

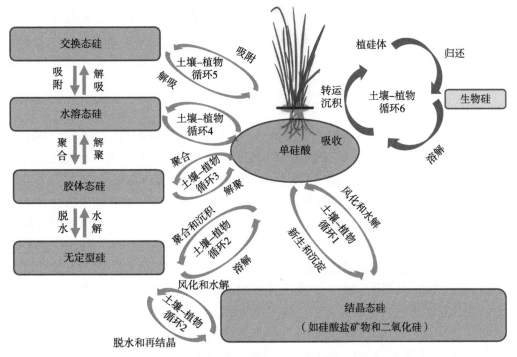

图2-1 土壤中不同硅的形态的转化及土壤–植物硅循环

2.1.2 土壤中有效硅的影响因素

土壤中有效硅是指植物在生长季节能够吸收利用的硅，用来表征土壤的供硅能力，主要包括土壤溶液中的单硅酸和部分容易转化为单硅酸的组分，如聚合硅酸、吸附态硅、部分胶体态硅和无定形硅等（刘鸣达和张玉龙，2001；Liang et al., 2015）。土壤中有效硅的含量一般为 50～250mg·kg^{-1}，占全硅含量的 0.02%～0.04%，全球植物每年从土壤中吸收 210 亿～240 亿 t 的硅（高玉凤 等，2009；刘丽君 等，2021）。研究表明，当介质的 pH 值在 2～9 范围内，硅多是以单硅酸的形态存在，只有 pH 值在 9 以上才会形成离子硅酸盐，因此，多数学者认为单硅酸是高等植物和硅藻吸收硅的主要形态（McKeague and Ciline, 1963；王敬国，1995）。影响土壤供硅能力的因素主要有土壤质地、土壤及黏土矿物类型、pH 值、氧化还原电位（Eh）、有机质等。

（1）土壤质地

土壤有效硅的含量因土壤质地不同呈现不同的差异，质地较轻或砂性强的土壤一般有效硅缺乏，因此供硅能力较差，而质地较重的或黏质的土壤有效硅含量较为丰富，供硅能力强（梁永超 等，1993；向万胜 等，1993；邹邦基，1993；Kawaguchi and Kyuma, 1997；蔡阿瑜，1997；贺立源和李孝良，1997）。相关研究表明，土壤有效硅含量与土壤黏粒含量呈正相关，其原因可能是土壤黏粒含量高导致土壤比表面积大，从而对硅酸吸附量高。有研究发现，土壤有效硅含量与土壤中的物理性黏粒（＜0.01mm）呈正相关，但与土壤中的较小黏粒（＜0.002mm）无关（申义珍 等，1994）。此外，贺立源和王忠良（1998）认为，土壤不同粒径对土壤有效硅含量的影响和土壤酸度相关，在酸性土壤（pH 值低于 6.5）中，pH 值和黏粒含量与土壤有效硅含量呈显著正相关，而在 pH 值高于 6.5 的土壤中，pH 值、粉砂和砂粒与土壤有效硅含量呈负相关。

（2）土壤发育的岩石矿物类型

土壤中有效硅的含量因成土母质类型、风化程度、淋溶淀积作用不同而存在差异（刘鸣达和张玉龙，2001；Liang et al., 2015）。一般发育于花岗岩、石英斑岩和泥炭质的土壤易缺硅，发育于玄武岩和火山灰质的土壤硅充足（Liang et al., 2015）。臧惠林等（1982）研究发现，花岗片麻岩和轻质第四纪红色黏土发育的土壤有效硅含量一般低于 80mg·kg^{-1}，玄武岩和黏质第四纪红色黏土发育的土壤有效硅的含量在 160～210mg·kg^{-1}，湖积物和紫色页岩发育的土壤有效硅含量多在 360mg·kg^{-1} 以上。强风化和强淋溶的水稻土易缺硅，而弱风化和弱淋溶的水稻土硅的有效性较高（袁可能，1983；马同生，1997）。从土壤矿物类型的角度来看，富含高岭石、三水铝石、针铁矿和赤铁矿或富含活性铁、铝以及硅铝率或硅铝铁率低的土壤易缺硅，含可风化矿物如蒙脱石等较多以及硅铝率或硅铝铁率高的土壤通常不易缺硅（袁可能，1983；马同生，1997；于群英和李孝良，1999；刘鸣达和张玉龙，2001；Verheye,

2009)。

(3) 土壤 pH 值

pH 值是影响土壤硅有效性的重要因素。大量研究表明,土壤有效硅含量与土壤 pH 值呈密切正相关(周鸣铮,1981; 范业成 等,1981; 臧惠林,1987; 邹邦基,1993),因此,一般中性和石灰性水稻土有效硅含量较高。土壤溶液中,单硅酸的浓度与土壤 pH 值密切相关,pH 值在 8~9 时最低,低于或高于该值时单硅酸浓度显著增加,当 pH 值从 7 降至 2 时,土壤溶液中单硅酸浓度急剧上升(Beckwith and Reeve,1963)。在多数水稻土中,在一定 pH 值范围内土壤有效硅含量随 pH 值升高而增加,但在富含碳酸钙或碱性水稻土中,硅与钙等形成非活性的化合物,因此即使测得有效硅含量较高,但是施用硅肥仍然表现明显的增产效果(马同生,1994; 李军 等,1999; 刘鸣达和张玉龙,2001)。亦有研究认为,pH 值在 2~9 范围内,随着 pH 值升高,氢氧化铁和氢氧化铝等对硅的吸附增强,土壤中水溶态硅含量降低,导致土壤有效硅含量减少(范业成 等,1981),但有效硅包含一部分吸附态硅,故上述因水溶态硅被吸附而得出有效硅含量降低的结论是不确切的(袁可能,1983; 刘鸣达和张玉龙,2001)。

(4) 土壤 Eh

土壤 Eh 是影响土壤有效硅含量的一个重要因素,一般认为土壤有效硅含量随土壤 Eh 的降低而增加(Liang et al., 2015)。有研究发现,在淹水的条件下,土壤 Eh 降低,土壤溶液中硅的浓度升高,且硅的溶解度随淹水时间的延长而增加(Ponnamperuma, 1965)。淹水后土壤硅含量增加的原因可能是吸附单硅酸的水合氧化铁减少以及二氧化碳与铝硅酸盐反应后引起了二氧化硅的释放(Nayer et al., 1977; 梁永超 等,1992; Liang et al, 2015)。一般在土壤淹水后的开始几天内硅的浓度上升较快,以后渐趋平衡或有所下降(Elgawhary and Lindsay, 1972; 梁永超 等,1992)。此外,有研究认为 Eh 对硅有效性的影响取决于土壤类型,例如,随着土壤 Eh 的增加,红沙泥田和紫黄泥田有效硅含量逐渐增加,大眼泥田土中有效硅含量则逐渐减少(魏朝富 等,1997)。

(5) 土壤有机质

土壤有机质作为土壤固相部分的重要组成成分,是以各种形态存在于土壤中的含碳有机化合物。目前,关于土壤有机质对土壤硅有效性的研究观点不一。一种观点认为土壤有机质对硅有效性的影响为负效应(臧惠林,1987; 向万胜,1993),原因可能是由于黏粒上形成的有机-无机复合体掩盖了部分专性吸附点,降低了黏粒对硅酸的吸附,又或是由于这种复合物的包被作用,使吸附态硅难以释放(刘鸣达和张玉龙,2001)。另一种观点是含有机质越多的土壤,有效硅含量也越高(申义珍 等,1994; 秦方锦 等,2012),其原因在于有机质本身既可以释放出一定量的硅,同时有机质分解时产生的有机酸和形成的还原条件,可以破坏铁-硅复合体,有助于促进硅的溶解(刘鸣达和张玉龙,2001)。

2.2 植物对硅的吸收、转运和沉积

硅作为惰性元素存在于土壤中，它的吸收和运输能力主要取决于植物的根系及其在土壤中的化学成分（Mandlik et al., 2020）。植物通过扩散作用和蒸腾作用的影响诱导根系以单硅酸的形式吸收硅，未解离的分子形式单硅酸是唯一可以在生理pH值范围内穿过植物根系质膜的分子种类（Shahzad et al., 2016; Raven, 2001）。硅在植物根部进行初级吸收后，进一步通过木质部转运到植株地上部不同的组织和器官。由于蒸腾作用，转运至各组织和器官的单硅酸分子逐渐脱水聚合，以硅酸凝胶（$SiO_2 \cdot nH_2O$）形式沉积于植物不同部位（Reynolds et al., 2010）。硅一旦在植物某一部位沉积下来，便不再作为硅源供给植物其他部位（Epstein, 1999; Ma et al., 2006a）。

2.2.1 植物对硅的吸收

（1）植物根系对硅的吸收

不同植物根系对硅的吸收能力和机制不同，因此导致不同植物间硅积累量产生巨大差异，植物体内硅元素含量变化范围一般为干重的0.1%～10%（Epstein, 1994; Tamai and Ma, 2003）。根据积累硅能力的差异，不同物种被分类为积累型（＞1% Si）、中间积累型（0.5%～1% Si）和非积累型或排出型（＜0.5% Si）（Ma and Takahashi, 2002）。

Takahashi等（1990）提出了高等植物吸收硅的三种可能类型：①主动吸收硅型，即吸收硅的速率远高于吸收水分的速率，如水稻、小麦、大麦、黑麦草等禾本科植物（Kaur and Greger, 2019）；②被动吸收硅型，即吸收硅的速率和吸收水分的速率相当，如燕麦、草莓、黄瓜和大豆等；③拒硅型，即吸收硅的速率低于吸收水分的速率，如番茄、扁豆等。

近年来，研究者通过遗传学和分子生物学技术，鉴定和研究了一些参与硅吸收转运关键基因。作为吸收硅最多的作物，学者对水稻对硅的吸收转运机制进行了广泛而深入的研究。Ma等（2006b）利用水稻硅吸收缺陷（Lsi1）突变体鉴定了第一个硅转运蛋白Lsi1，为硅转运系统提供了分子基础。Lsi1属于水通道蛋白的类NOD26膜内在蛋白3（NIP3）亚家族，是一种硅内流转运蛋白，负责将硅从土壤溶液运输到根细胞中（Ma and Yamaji, 2008）。所有的水通道蛋白都具有一个保守的沙漏结构，其中包括六个α螺旋跨膜结构域（H1-H6），这些结构域由五个环（LA-LE）连接。LB和LE，包含一个保守的基序，即天冬氨酸-脯氨酸-丙氨酸基序（NPA）结构域。两个NPA结构域形成了一个狭窄通道。第二个狭窄通道由含有四个氨基酸的ar/R选择性过滤器形成，这些氨基酸来自H2、H5螺旋和环LE。NPA结构域和选择性过滤器负责通道的特异性。Lsi1属于NIP Ⅲ组，特异性运输

不带电荷的硅酸，其选择性过滤器包括独特的氨基酸序列：甘氨酸（G）、丝氨酸（S）、甘氨酸（G）和精氨酸（R）（Ma et al., 2006b, 2011; Mitani-Ueno et al., 2011a）。在空间分布上，Lsi1蛋白极性定位于种子根、冠根和侧根的基部区域的外皮层和内皮层细胞质膜的远端，生理研究表明，硅吸收的主要部位是根的基底区而不是根尖（Yamaji and Ma, 2007）。此外，Lsi1的基因和蛋白主要在主根和侧根中表达，但不在根毛中表达（Ma et al., 2006b），证实了先前生理研究中侧根对硅吸收有显著贡献，但根毛对硅的吸收没有明显的作用（Ma et al., 2002）。利用水稻硅吸收缺陷（Lsi2）突变体鉴定了第二个硅转运蛋白Lsi2（Ma et al., 2007）。Lsi2属于阴离子转运家族，促进水稻将吸收的硅从根部转运到维管组织。Lsi2同Lsi1一样，极性定位于外皮层和内皮层细胞质膜上，但与Lsi1不同的是其位于相同部位的近端（Ma and Yamaji, 2007）。在非洲爪蟾卵母细胞表达的Lsi2显示出完全的硅酸外排活性，而不具有吸收活性。Lsi2是一种主动转运蛋白，可逆浓度梯度主动将硅排出细胞（Ma and Yamaji, 2007; Yamaji and Ma, 2011）。

Lsi1和Lsi2的鉴定很好地解释了水稻根系吸收硅的分子机制：皮层细胞远端的吸收转运蛋白Lsi1以单硅酸的形式从土壤溶液中吸收硅，然后皮层细胞近端的外排转运蛋白Lsi2将单硅酸以去质子化形式泵出到通气组织中，单硅酸进一步穿过通气组织释放到辐条状结构的质外体。在内皮层中，质外体途径被凯氏带阻断，迫使单硅酸通过共质体途径先后通过Lsi1和Lsi2运输到木质部。然后，另一个吸收转运蛋白Lsi6进一步将硅酸向上输送到植物的地上部分（Ma et al., 2011; Mandlik et al., 2020），构成了水稻对硅吸收的完整路径。

此外，水稻Lsi1和Lsi2（OsLsi1和OsLsi2）的同源物已经在小麦（TaLsi1）（Montpetit et al., 2012）、大麦（HvLsi1和HvLsi2）（Chiba et al., 2009; Mitani et al, 2009b）、玉米（ZmLsi1和ZmLsi2）（Mitani et al, 2009a, 2009b）等单子叶植物和南瓜（CmLsi1）（Mitani-Ueno et al., 2011b）、黄瓜（CSiT1、CSiT2和CsLsi2）（Wang et al., 2015; Sun et al., 2017）、大豆（GmNIP2-1和GmNIP2-1）（Deshmukh et al., 2013）等双子叶植物中得到鉴定。TaLsi1与OsLsi1在定位与活性方面高度相似，HvLsi1、ZmLsi1同OsLsi1一样具有吸收硅的活性，但定位有所差异，HvLsi1、ZmLsi1定位于表皮、皮下和皮层细胞中（Chiba et al., 2009; Mitani et al., 2009a）。此外，补充硅会使OsLsi表达下调，而HvLsi1、ZmLsi1的表达不受硅的影响（Ma et al., 2006b; Yamaji and Ma, 2007; Chiba et al., 2009; Mitani et al., 2009a; Deshmukh et al., 2013）。CmLsi1定位于所有的根细胞中，且CmLsi1中脯氨酸到亮氨酸242位点的突变可导致其无法在质膜上定位，引起硅吸收显著减少（Mitani-Ueno N et al., 2011b）。HvLs2、ZmLsi2与OsLsi2具有80%左右的相似性，不同的是，HvLs2和ZmLsi2仅定位于内皮层且没有极性，与OsLsi2定位有所差异（Deshmukh et al., 2013）。

硅转运体定位和极性的差异可能是物种间硅吸收能力不同的原因。不同于水稻中硅只在表皮细胞被OsLsi1吸收，在大麦和玉米中，硅可以通过HvLsi1/ZmLsi1在不同的细胞（包括表皮、皮下和皮层细胞）中从外源溶液（土壤溶液）中被吸收。在玉米和大麦中，硅被吸收进入根细胞后，通过共质体途径运输到内皮层，然后通过 HvLsi2/ZmLsi2 释放到中柱，而在水稻中，硅在外皮层细胞中被 OsLsi1 吸收后被 OsLsi2 释放到外质体中，然后在内皮层细胞中再次被 OsLsi1 和 OsLsi2 运输到中柱。造成这种转运系统的差异原因主要有两种：一是水稻根系中，外皮层和内皮层有两条凯氏带，而正常条件下玉米和大麦根系的内皮层通常有一条凯氏带；二是水稻的成熟根系具有高度发达的通气组织这一特殊结构，该处所有位于外皮层和内皮层之间的皮层细胞都被破坏（Ma et al., 2011）。

（2）叶片对硅的吸收

目前，叶面施硅已在水稻（Prakash et al., 2011）、小麦（Soratto et al., 2012）、玉米（Crusciol et al., 2013）、大豆（Shwethakumari et al., 2021）、油菜（Kuai et al., 2017）、甜菜（Artyszak et al., 2021）、甘蔗（Wijaya, 2016）等作物进行了大量的试验研究，对于提升作物产量、品质及抗逆性具有重要意义。施于叶面的养分必须有效地渗透到外角质层和下层表皮细胞的细胞壁才能进入叶片，一旦渗透发生，细胞对养分的吸收与根系的吸收相似（Patil and Chetan, 2018）。当前研究认为，叶片吸收养分的途径主要有 3 种：角质层途径、气孔途径和毛状体途径，但这些途径的机制尚不完全清楚（Puppe et al., 2018）。

角质层膜可以渗透有机、无机离子和分子，即水、化学物质和气体（Lendzian, 1982; Kerstiens, 1996; Baur et al., 1999）。通过角质层的运输是一个扩散控制的过程，包括吸收到角质层、扩散到角质层和从角质层解吸（Kirkwood, 1999）。角质层的渗透性随着温度和湿度的升高而增加（Riederer, 2006; Schuster et al, 2016），角质层厚度和蜡质的数量对渗透性没有影响（Riederer and Schreiber, 2001）。此外，角质层中多糖（Riederer, 2006）和极性孔/水孔的存在也提高了角质层的渗透率（Niemann et al., 2013）。气孔途径对于叶面吸收具有重要作用。Eichert 等（1998）研究发现，通过气孔吸收溶解的离子物质可以在自然条件下发生，无须任何助剂。Eichert et al（2008）的试验表明，叶面通过角质层和气孔途径的渗透速率可以达到相当的数量级。Kaiser（2014）研究发现，喷施表面活性剂有利于将低溶解度的固体颗粒物质，如碳酸钙颗粒通过气孔途径大量引入植物叶片中，从而为植物提供持续的营养供应，使用纳米颗粒进行叶面施肥可能效果更好（Eichert et al., 2008）。毛状体是由单个或多个细胞形成的表皮腺状或非腺状毛，存在于大多数植物中。具有保护植物免受食草动物和紫外线的侵害、减少植物的蒸腾作用、增加植物对冷冻的耐受性和沉积重金属等作用，其基部角质层薄有裂痕且极性孔丰富，促进了角质层的渗透速率（Schreiber, 2005; Puppe et al., 2018）（图 2-2）。

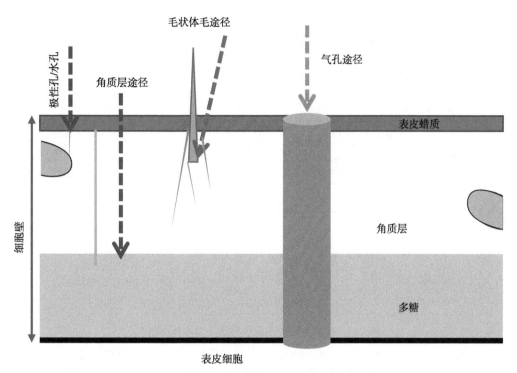

图 2-2 叶片吸收硅的 3 种可能途径

［改编自 Puppe 等（2018）］

2.2.2 硅在植物维管束中的转运

植物根系对硅进行吸收后，可通过根—茎—叶（维管束）路线向茎、叶等部位进行转运分配。以水稻为例（图 2-3），单硅酸通过 Lsi1 和 Lsi2 运输到中柱后，通过木质部随蒸腾流转移到茎中，根系吸收的硅 90% 以上转移到地上部（Ma and Takahashi, 2002）。Lsi6 是 Lsi1 的同源物，负责将硅从水稻木质部卸载，并促进硅运输到不同的部位（Mandlik et al., 2020）。Lsi6 主要定位于木质部转移细胞，该细胞位于穗下第一个茎节扩大的维管束的边界区域。敲除 *Lsi6* 基因不影响根系对硅的吸收，但减少了硅在穗中的积累，增加了硅在剑叶中的积累，表明 Lsi6 主要参与硅在维管束之间的转移，如将来自根系的硅从大维管束中转移到连接穗的弥散维管束中去（Yamaji and Ma, 2009; Ma and Yamaji, 2011; Ma et al., 2011）。水稻在抽穗前的发育阶段，Lsi6 主要极性定位于叶鞘和叶片的木质部薄壁组织细胞上，负责从木质部释放硅酸；抽穗后，穗下第一茎节处 Lsi6 表达量大大增加。在水稻茎节处还鉴定出了 OsLsi2 的同源物 OsLsi3，该蛋白位于扩大维管束和弥漫性维管束之间的薄壁组织，与 OsLsi2、OsLsi6 协同参与了硅在维管之间的转运，促进了硅优先向发育组织转运（Yamaji et al., 2015）。

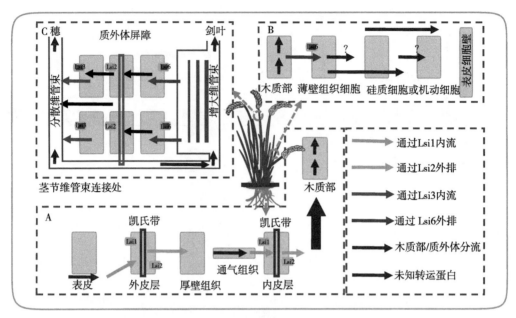

图 2-3　植物对硅的吸收和转运（以水稻为例）

［改编自 Ma 等（2015）；Yamaji 等（2015）；Liang 等（2015）。①根系吸收硅：Lsi1 吸收单硅酸进入外皮层→单硅酸通过外皮层上的 Lsi2 离开外皮层，进入皮层→单硅酸以质外体途径通过通气组织到达内皮层→Lsi1 和 Lsi2 将硅运输穿过内皮层，并装载进入木质部。②硅由木质部卸载到叶片的二氧化硅细胞中：单硅酸由 Lsi6 转运蛋白泵入木质部薄壁细胞，并通过细胞运输沉积到二氧化硅细胞中。负责木质部装载，逆着浓度梯度将硅转移到硅细胞中所涉及的转运蛋白仍然未知。③硅在穗下第一茎节的运输：Lsi6 将单硅酸转运至木质部转运细胞→木质部转运细胞中单硅酸通过胞间连丝转移至束鞘细胞→（束鞘细胞远端的 Lsi2 转运一些单硅酸于质外体中→单硅酸从质外体移动到弥散维管束的木质部中）→其余的硅则由 Lsi3 输出并加载到木质部中。］

2.2.3　硅在植物不同部位的沉积

硅主要在三个部位发生沉积：①细胞壁；②部分或全部充满硅的细胞腔；③根系或地上部以及细胞外（表皮）层的细胞间隙（Sangster and Hodson, 1986; Piperno, 1988; Sangster et al, 2001）。不同植物种类间硅含量差异很大，据报道，10 种最高含量与 10 种最低含量的植物之间硅的含量差异可达 196 倍（Takahashi and Miyake, 1976），一般来说，植物含硅量顺序为：谷类作物＞牧草＞蔬菜＞果树＞豆科（Thiagalingam et al, 1977），例如水稻植株含硅量可达 20%，小麦、大麦、燕麦等禾本科植物含硅量为 2%～4%，豆科和双子叶植物含硅量多在 1% 以下（邢雪荣和张蕾，1998）。此外，同种植物的不同部位含硅量也存在很大差异，例如，在水稻各部位中，植硅体的含量变化趋势为稻壳＞叶＞鞘＞茎＞根＞谷粒，并且在叶片中呈现出顶部＞中部＞基部＞叶鞘的趋势（杨孝民，2021）；在冬瓜中发现硅的分布情况为：老叶＞成熟叶＞幼叶＞主茎＞侧枝＞果皮＞果实及根（邢雪荣和张蕾，1998）；小麦、黑麦、燕麦地上部累积的硅分布很不均匀，表现为穗＞叶和茎＞籽粒（邹邦基 等，1985）。

（1）硅在根系的沉积

Parry 和 Soni（1972）最早发现硅在水稻根系内皮层细胞壁积累，Moore 等（2011）进一步发现，硅环状沉积于水稻根系内皮层细胞壁，且在组织的近端和远端沉积量没有差异。在高粱根系中，硅以两种形式沉积，一种同水稻一样，在内皮层内切向壁沉积（Parry and Kelso, 1975; Lux et al., 2003），另一种是通过附着在内切向壁的植硅体沉积（Metcalfe, 1960）。在加利那藕草的不定根中，硅沉积于在地下部不定根内皮层的内切向壁和径向壁，但在地上部不定根中硅未发生沉积（Hodson et al., 1986）。在小麦的种子根中，硅主要沉积于内皮层细胞的内切向壁、径向壁、外切向壁中，在不定根中，硅沉积与否因小麦品种不同而存在差异（Bennett, 1982）。总体看来，硅在小麦根系内皮层内切向壁和径向壁表现出较高的硅积累浓度（Mandlik et al., 2020）。

（2）硅在木质部的卸载及在地上部组织的沉积

受蒸腾流的影响，硅在叶片等蒸腾器官中积累量较高。经根系初级吸收后，硅通过木质部转运到植株的地上部。单硅酸在25℃的溶解度一般为 $2.0 \sim 2.3 mmol \cdot L^{-1}$，超过该浓度就会发生聚合。研究发现，将水稻置于硅浓度 $0.5 mmol \cdot L^{-1}$ 的培养基质培养，0.5h 后木质部汁液的硅浓度达 $6 mmol \cdot L^{-1}$，8.5h 后木质部汁液的硅浓度高达 $18 mmol \cdot L^{-1}$，随时间的推移，木质部汁液硅浓度最终降到 $2.6 mmol \cdot L^{-1}$（Mitani et al., 2005），表明单硅酸在木质部的高浓度是暂时的，其在木质部的装载是一个快速的过程，且逆浓度梯度进行。

（3）硅在叶片中的沉积

植物的地上部组织中，叶片中90%以上的硅沉积在表皮中（Yoshida et al., 1962a）。在水稻叶片中，硅的沉积导致表皮下形成 $2.5\mu m$ 厚的双硅层（Yoshida et al, 1962b; Ma and Yamaji, 2006b）。前人研究认为该硅层的形成是硅粒子被质膜表面的离子吸引形成的活跃进程，单体硅酸从过饱和溶液中沉积，硅层持续变厚，这是活跃代谢过程的结果，而不是由蒸发引起的（Sangster et al, 2001）。同一叶片的不同部位，硅的积累量也存在差异，Sangster 等（1970）研究表明，同一叶片从叶尖到叶柄，硅沉积量逐渐减少；在面包草中硅主要沉积在上（正面）表皮的泡状细胞中（Melo et al., 2010），而在竹子中，硅在正面和反面的软木细胞、泡状细胞、硅细胞、长细胞和保卫细胞中都有积累（Motomura et al., 2002）。此外，硅的沉积随着植株年龄的增加而增加，在嫩叶中，硅仅在专门的硅细胞和球状细胞或"运动细胞"中检测到，而在衰老的叶子中，硅几乎存在于所有细胞类型中，老叶相较于嫩叶，硅沉积量更高（Sangster, 1970; Sangster et al., 2001; Melo et al., 2010）。

（4）硅在硅细胞中的沉积

硅细胞是组织中第一个硅化的细胞，在组织伸出之前就已发生硅化（Kaufmian et al., 1969; Ma et al., 2002）。Prat（1948）将禾本科植物的硅沉积细胞分成了3个亚组：①分化组分组：主要包括硅细胞和外皮层组分，例如毛状体、软木细胞和气孔等；②基本组分组：为伸长的表皮细胞；③泡状细胞：存在于维管束之间和叶片正面。在燕麦中，硅细胞和软木细胞起源于单个母细胞（Kaufmian et al., 1969），与硅细胞相邻的未硅化的软木细胞通过胞间连丝相连，参与硅细胞的代谢（Lawton, 1980）。原生质解体后，硅细胞腔内充满了硅，最终变成一团固体、水合、无定形的硅，导致细胞死亡（Kumar et al., 2017）。之前的研究认为，蒸腾作用是引起细胞硅化的主要原因，蒸腾作用是植物组织液脱水引起单硅酸自行缩合，导致二氧化硅沉积的自发过程（Mandlik et al., 2020）。后研究认为，尽管硅需要随蒸腾流上升至叶片，但叶片细胞的硅化是一个活跃的生理调节进程，而不是简单的沉积（Kumar et al., 2017），一种可能的硅化机制是硅细胞的胞外空间含有蛋白质、多肽或糖等物质，能够将可溶性硅酸凝聚成固体二氧化硅，促进硅沉积（Perry and Keeling-Tucker, 2003; Weiner, 2008）。

（5）硅在毛状体中的沉积

毛状体本身及环绕在毛状体基部的细胞均可沉积硅（Samuels et al., 1991）。不同物种间叶片毛状体的硅沉积模式不同，Abe（2019）对黄瓜、南瓜、甜瓜、西瓜、丝瓜和葫芦等6种葫芦科植物叶片毛状体的硅沉积进行检测，发现在黄瓜、南瓜和甜瓜叶片的环绕毛状体基部的细胞中沉积了大量的硅，但在毛状体中只沉积了钙；在丝瓜和葫芦中，仅在毛状体中沉积了硅；在西瓜叶片中，毛状体和环绕毛状体基部的细胞均有硅的沉积。目前，关于毛状体沉积硅的作用机制尚不清楚，参与毛状体中硅积累的转运蛋白同样未被确定（Mandlik et al., 2020）。

综上所述，不同的转运蛋白介导硅从土壤运输到植株各个部位。被动吸收转运体 Lsi1 负责将硅从土壤中吸收到根细胞中，其表达模式和定位因植物物种而异，主动外排转运体 Lsi2 随后将硅从根细胞转运至中柱。Lsi6 负责将硅从木质部卸载，并促进硅运输到植株的不同部位。尽管已经确定了4种不同的转运蛋白参与 Si 的吸收、木质部卸载和维管间转运，但木质部装载硅的转运蛋白、硅细胞中的转运蛋白尚未被鉴定。目前，对于叶面施硅进行了大量研究，叶面可能通过角质层途径、气孔途径和毛状体途径3种途径吸收硅，但这些途径的机制尚不完全清楚。此外，不同植物种类的硅积累量差异很大，需鉴定比较不同物种硅转运体的表达模式和定位，以充分了解硅在不同植物组织中的转运和沉积。

2.3 植物-土壤体系硅循环特征

硅在地球系统内的运输和循环形成了一个生物地球化学循环，也被称为硅循环。Bartoli（1983）首先提出了植硅体在硅循环中的作用。由植物根部进入体内的单硅酸在向其他部位转运的过程中会发生聚合，聚合到一定程度时，将在各个部位沉积形成固体二氧化硅颗粒，称为植硅体（phytolith）。植硅体一词最早由 Ruprecht

（1866）提出，主要指硅酸沉积物，又称蛋白石硅、生物硅和植物蛋白石。植物所有部位，包括根、芽、茎、叶都可以形成植硅体，同一物种可以产生不同类型的植硅体（Prychidt et al.，2014）。在热带雨林硅循环中，植硅体恢复了土壤中的硅，并对土壤的硅动态负责（Alexandre et al.，1997）。Meunier 等（2001）研究表明，森林大火在竹林中形成了 15 cm 深的生物源二氧化硅层，土壤中植硅体作为硅储集层在硅循环中具有重要作用。在植物分解过程中，与有机质相比，植硅体是可溶性二氧化硅的主要贡献者（Fraysse et al.，2006）。研究发现，陆地植硅体二氧化硅的年固定量为 60～200TM，与海洋生物地球化学循环中的硅固定量（240TM）相当（Conley，2002）。

在各种物理、化学和生物过程的作用下，硅在土壤 – 植物系统中发生复杂的迁移转化，以各种形式的含硅矿物组分或形态保存下来。在硅的循环中，储存在地壳中的硅通过风化释放出来，硅酸盐矿物的化学风化是地球表层所有次生硅的来源（刘丽君 等，2021）。植物生长过程中以溶解态单硅酸的形式从土壤溶液中吸收溶解态硅，并通过木质部导管随着蒸腾流输送到植物各器官形成生物硅（Ma and Takahashi，2002）。生长季节结束后，植物残体经微生物的分解作用由动植物残体或排泄物返回环境逐渐分解，其体内的生物硅释放到土壤中，其中大部分被植物再吸收，少量保留在土壤中（Alexandre et al.，1997；Moulbn et al.，2000；Li et al.，2006）。植物 – 土壤之间强烈的硅循环过程不仅对维持陆地生态系统硅养分平衡发挥了巨大作用，也对硅元素的生物地球化学循环产生着重要影响。

2.4 小结

植物是否缺硅主要取决于土壤中有效硅的含量。有效硅含量受土壤质地、发育的矿物类型、pH 值、Eh 和土壤有机质等因素的影响。硅在自然界中主要以二氧化硅和硅酸盐矿物等形态存在，只有经过漫长的转化过程，形成单硅酸才能被作物根系吸收。单硅酸被根系吸收后，随蒸腾流通过木质部运输并分布在植物组织中。在茎和叶片中，单硅酸聚合成无定形二氧化硅，沉积在细胞壁、细胞腔、细胞间隙中。此外，叶片可能通过角质层途径、气孔途径和毛状体途径直接吸收硅。大量的硅以无定形二氧化硅或生物源二氧化硅的形式存在于生长植物的活组织（称为植硅体）中，在生物体分解后，残留于土壤中。未来的研究中，可以深入研究土壤中有效硅含量的变化规律，探讨不同因素对有效硅的影响机制，以更准确地评估植物缺硅的风险；可以进一步研究植物吸收硅的机制，包括根系吸收、运输和在植物体内的分布方式，以及叶片直接吸收硅的途径和调控机制，从而深入理解植物对硅的需求和适应能力；此外，可以探讨植硅体在土壤中的长期积累和对土壤生态系统的影响，为土壤养分管理和植物营养供应提供科学依据。

（本章主著：李文倩）

参考文献

蔡阿瑜, 薛珠政, 彭嘉桂, 等, 1997. 福建土壤有效硅含量及其变化条件研究 [J]. 福建农业学报 (4): 48-52.

范业成, 陶其骧, 张明辉, 1981. 江西省主要水稻土硅素有效性的研究 [J]. 土壤通报 (3): 7-9.

高玉凤, 焦峰, 沈巧梅, 2009. 水稻硅营养与硅肥应用效果研究进展 [J]. 中国农学通报, 25 (16): 156-160.

贺立源, 李孝良, 1995. 湖北省水稻土有效硅的含量与分布 [J]. 华中农业大学学报 (4): 363-368.

贺立源, 王忠良, 1998. 土壤机械组成和pH与有效硅的关系研究 [J]. 土壤 (5): 243-246.

李军, 张玉龙, 杨丽娟, 等, 1999. 施用Si肥对辽宁省部分地区水稻产量及品质的影响 [C].// 中国土壤学会第九次全国会员代表大会论文集 (辽宁卷). 沈阳: 辽宁科学技术出版社.

梁永超, 陈兴华, 张永春, 等, 1992. 淹水及添加有机物料对土壤有效硅的影响 [J]. 土壤 (5): 244-247.

梁永超, 张永春, 马同生, 1993. 植物的硅素营养 [J]. 土壤学进展 (3): 7-14.

刘军, 臧家业, 张丽君, 等, 2016. 黄海硅的分布与收支研究 [J]. 中国环境科学, 36 (1): 157-166.

刘丽君, 黄张婷, 孟赐福, 等, 2021. 中国不同生态系统土壤硅的研究进展 [J]. 土壤学报, 58 (1): 31-41.

刘鸣达, 张玉龙, 2001. 水稻土硅素肥力的研究现状与展望 [J]. 土壤通报 (4): 187-192.

马同生, 1997. 我国水稻土中硅素丰缺原因 [J]. 土壤通报, 28 (4): 169-171.

马同生, 冯亚军, 梁永超, 等, 1994. 江苏沿江地区水稻土硅素供应力与硅肥施用 [J]. 土壤 (3): 154-156.

孟建, 崔栗, 韩江伟, 等, 2013. 植物硅素营养研究进展 [J]. 安徽农学通报, 19 (17): 26-28.

秦方锦, 王飞, 陆宏, 等, 2012. 宁波市耕地有效硅含量及其影响因素 [J]. 浙江农业学报, 24 (2): 263-267.

申义珍, 潘卫群, 徐俊斌, 等, 1994. 扬州市十年来土壤有效硅的动态演变及水稻硅肥施用技术研究 [J]. 土壤肥料 (5): 23-26.

王敬国, 1995. 植物营养的土壤化学 [M]. 北京: 中国农业大学出版社.

魏朝富, 杨剑虹, 高明, 等, 1997. 紫色水稻土硅有效性的研究 [J]. 植物营养与肥料学报（3）：229-236.

向万胜，何电源，廖先苓，1993. 湖南省土壤中硅的形态与土壤性质的关系［J］. 土壤，25（3）：146-151.

邢雪荣，张蕾，1998. 植物的硅素营养研究综述［J］. 植物学通报，15（2）：34-41.

杨孝民，2021. 我国稻田土壤-植物系统硅循环与植硅体固碳研究［D］. 天津：天津大学.

于群英，李孝良，1999. 土壤对硅的吸附与解吸特性研究［J］. 安徽农业技术师范学院学报，13（3）：1-6.

袁可能，1983. 植物营养元素的土壤化学［M］. 北京：科学出版社.

臧惠林，1987. 土壤有效硅含量变化的初步研究［J］. 土壤（3）：123-126.

臧惠林，张效朴，何电源，1982. 我国南方水稻土供硅能力的研究［J］. 土壤学报，19（2）：131-140.

周鸣铮，1981. 有关水稻土壤养料肥力的某些研究的论述（下）［J］. 土壤学进展（2）：12-23.

邹邦基，1993. 土壤供 Si 能力及 Si 与 N、P 的相互作用［J］. 应用生态学报，4（2）：150-155.

邹邦基，何雪晖，1985. 植物的营养［M］. 北京：中国农业出版社.

ABE J, 2019. Silicon deposition in leaf trichomes of Cucurbitaceae horticultural plants: a short report[J]. American Journal of Plant Sciences, 10(3): 486–490.

ALEXANDRE A, MEUNIER J, COLIN F, et al., 1997. Plant impact on the biogeochemical cycle of silicon and related weathering processes[J]. Geochimica et Cosmochimica Acta, 61(3): 677–682.

ARTYSZAK A, 2018. Effect of silicon fertilization on crop yield quantity and quality-a literature review in Europe[J]. Plants, 7(3): 54.

BARTOLI F, 1983. The biogeochemical cycle of silicon in two temperate forest ecosystems[J]. Ecological Bulletins: 469–476.

BAUR P, MARZOUK H, SCHONHERR J, 1999. Estimation of path lengths for diffusion of organic compounds through leaf cuticles[J]. Plant Cell Environ, 22: 291e299.

BECKWITH R S, REEVE R, 1963. Studies on soluble silica in soils. I. The sorption of silicic acid by soils and minerals[J]. Soil Research, 1(2): 157–168.

BENNETT D M, 1982. Silicon deposition in the roots of *Hordeum sativum* Jess, *Avena sativa* L. and *Triticum aestivum* L.[J]. Annals of Botany, 50(2): 239–245.

CHIBA Y, MITANI N, YAMAJI N, et al., 2009. HvLsi1 is a silicon influx transporter in barley[J]. The Plant Journal, 57(5): 810–818.

CONLEY D J, 2002. Terrestrial ecosystems and the global biogeochemical silica cycle[J]. Global Biogeochemical Cycles, 16(4): 61–68.

CRUSCIOL C A C, SORATTO R P, CASTRO G S A, et al., 2013. Leaf application of silicic acid to upland rice and corn[J]. Semina Ciências Agrarias, 34: 2803e2808.

DE MELO S P, MONTEIRO F A, De BONA F D, 2010. Silicon distribution and accumulation in shoot tissue of the tropical forage grass Brachiaria brizantha[J]. Plant and Soil, 336: 241–249.

DESHMUKH R K, VIVANCOS J, GUÉRIN V, et al., 2013. Identification and functional characterization of silicon transporters in soybean using comparative genomics of major intrinsic proteins in Arabidopsis and rice[J]. Plant Molecular Biology, 83: 303–315.

EICHERT T, GOLDBACH, H E, BURKHARDT J, 1998. Evidence for the uptake of large anions through stomatal pores[J]. Bot. Acta, 111: 461e466.

EICHERT T, KURTZ A, STEINER U, et al., 2008. Size exclusion limits and lateral heterogeneity of the stomatal foliar uptake pathway for aqueous solutes and water-suspended nanoparticles[J]. Physiol. Plantarum, 134: 151e160.

EICHERT T, KURTZ A, STEINER U, et al., 2008. Size exclusion limits and lateral heterogeneity of the stomatal foliar uptake pathway for aqueous solutes and watersuspended nanoparticles[J]. Physiol. Plantarum, 134: 151e160.

ELGAWHARY S M, LINDSAY W L, 1972. Solubility of silica in soils[J]. Soil Science Society of America Journal, 36(3): 439–442.

EPSTEIN E, 1994. The anomaly of silicon in plant biology[J]. Proceedings of the National Academy of Sciences, 91(1): 11–17.

EPSTEIN E, 1999. Silicon[J]. Annual Review of Plant Biology, 50(1): 641–664.

FENG J, YAMAJI N, MITANI-UENO N, 2011. Transport of silicon from roots to panicles in plants[J]. Proceedings of the Japan Academy, Series B, 87(7): 377–385.

GOMES D, AGASSE A, THIÉBAUD P, et al., 2009. Aquaporins are multifunctional water and solute transporters highly divergent in living organisms[J]. Biochimica et Biophysica Acta (BBA)-Biomembranes, 1788(6): 1213–1228.

GUERRIERO G, DESHMUKH R, SONAH H, et al., 2019. Identification of the aquaporin gene family in Cannabis sativa and evidence for the accumulation of silicon in its tissues[J]. Plant Science, 287: 110167.

GUNTZER F, KELLER C, MEUNIER J D, 2012. Benefits of plant silicon for crops: a review[J]. Agronomy for Sustainable Development, 32: 201–213.

HODSON M J, 1986. Silicon deposition in the roots, culm and leaf of *Phalaris canariensis* L.[J]. Annals of Botany, 58(2): 167–177.

ILER R K, 1979. The chemistry of silica, solubility, polymerization, colloid and surface properties, and biochemistry[M]. New York:John Wiley & Sons.

IMAIZUMI K, YOSHIDA S, 1958. Edaphological studies on the silicon-supplying power of paddy fields.[J]. Bull Natl Inst Agric Sci Tokyo, B8: 261–304.

IMTIAZ M, RIZWAN M S, MUSHTAQ M A, et al., 2016. Silicon occurrence, uptake, transport and mechanisms of heavy metals, minerals and salinity enhanced tolerance in plants with future prospects: a review[J]. Journal of Environmental Management, 183: 521-529.

KAISER H, 2014. Stomatal uptake of mineral particles from a sprayed suspension containing an organosilicone surfactant[J]. J. Plant Nutr. Soil Sci., 177: 869e874.

KAUFMAN P B, DAYANANDAN P, FRANKLIN C I, et al., 1985. Structure and function of silica bodies in the epidermal system of grass shoots[J]. Annals of Botany, 55(4): 487-507.

KAUFMIAN P B, BIGELOW W C, PETERING L B, et al., 1969. Silica in developing epidermal cells of Avena internodes: electron microprobe analysis[J]. Science, 166(3908): 1015-1017.

KAUR H, GREGER M, 2019. A review on Si uptake and transport system[J]. Plants, 8(4): 81.

KAWAGUCHI K, KYUMA K, 1977. Paddy soils in tropical Asia[M]. Honolulu: University of Hawaii Press.

KERSTIENS G, 1996. Cuticular water permeability and its physiological signifiance[J]. Journal of Experimental Botany, 47: 1813e1832.

KIRKWOOD R C, 1999. Recent developments in our understanding of the plant cuticle as a barrier to the foliar uptake of pesticides[J]. Pest Manag.Sci., 55: 69e77.

KLEIN C, HURLBUT C S, 1985. Manual of Mineralogy, 20th edn, 375[Z]. New York: Wiley.

KUAI J, SUN Y, GUO C, et al., 2017. Root-applied silicon in the early bud stage increases the rapeseed yield and optimizes the mechanical harvesting characteristics[J]. Field Crops Research, 200: 88-97.

KUMAR S, ADIRAM-FILIBA N, BLUM S, et al., 2020. Siliplant1 protein precipitates silica in sorghum silica cells[J]. Journal of Experimental Botany, 71(21): 6830-6843.

KUMAR S, MILSTEIN Y, BRAMI Y, et al., 2017. Mechanism of silica deposition in sorghum silica cells[J]. New Phytologist, 213(2): 791-798.

LAWTON J R, 1980. Observations on the structure of epidermal cells, particularly the cork and silica cells, from the flowering stem internode of *Lolium temulentum* L.(Gramineae)[J]. Botanical Journal of the Linnean Society, 80(2): 161-177.

LENDZIAN K J, 1982. Gas permeability of plant cuticles[J]. Planta, 155: 310e315.

LIANG Y C, NIKOLIC M, RICHAR B, et al., 2015. Silicon in agriculture: from theory to practice[M]. Berlin: Springer.

LUX A, LUXOVÁ M, ABE J, et al., 2003. The dynamics of silicon deposition in the sorghum root endodermis[J]. New Phytologist, 158(3): 437-441.

MA J F, TAKAHASHI E, 2002a. Soil, fertilizer, and plant silicon research in Japan[M].

Amsterdam: Elsevier.

MA J F, TAMAI K, ICHII M, et al., 2002b. A rice mutant defective in Si uptake[J]. Plant Physiology, 130(4): 2111–2117.

MA J F, TAMAI K, YAMAJI N, et al., 2006a. A silicon transporter in rice[J]. Nature, 440(7084): 688–691.

MA J F, YAMAJI N, 2006b. Silicon uptake and accumulation in higher plants[J]. Trends in Plant Science, 11(8): 392–397.

MA J F, YAMAJI N, 2015. A cooperative system of silicon transport in plants[J]. Trends in Plant Science, 20(7): 435–442.

MA J F, YAMAJI N, MITANI N, et al., 2007. An efflux transporter of silicon in rice[J]. Nature, 448(7150): 209–212.

MA J F, YAMAJI N, MITANI N, et al., 2008. Transporters of arsenite in rice and their role in arsenic accumulation in rice grain[J]. Proceedings of the National Academy of Sciences, 105(29): 9931–9935.

MANDLIK R, THAKRAL V, RATURI G, et al., 2020. Significance of silicon uptake, transport, and deposition in plants[J]. Journal of Experimental Botany, 71(21): 6703–6718.

MCKEAGUE J A, CLINE M G, 1963. Silica in soil solutions: I. The form and concentration of dissolved silica in aqueous extracts of some soils[J]. Canadian Journal of Soil Science, 43(1): 70–82.

METCALFE C R, 1960. Anatomy of the monocotyledons. 1. Gramineae.[M]. New York: Oxford University Press.

MITANI N, CHIBA Y, YAMAJI N, et al., 2009a. Identification and characterization of maize and barley Lsi2-like silicon efflux transporters reveals a distinct silicon uptake system from that in rice[J]. The Plant Cell, 21(7): 2133–2142.

MITANI N, MA J F, IWASHITA T, 2005. Identification of the silicon form in xylem sap of rice (*Oryza sativa* L.)[J]. Plant and Cell Physiology, 46(2): 279–283.

MITANI N, YAMAJI N, MA J F, 2009b. Identification of maize silicon influx transporters[J]. Plant and Cell Physiology, 50(1): 5–12.

MITANI-UENO N, YAMAJI N, MA J F, 2011a. Silicon efflux transporters isolated from two pumpkin cultivars contrasting in Si uptake[J]. Plant Signaling & Behavior, 6(7): 991–994.

MITANI-UENO N, YAMAJI N, ZHAO F, et al., 2011b. The aromatic/arginine selectivity filter of NIP aquaporins plays a critical role in substrate selectivity for silicon, boron, and arsenic[J]. Journal of Experimental Botany, 62(12): 4391–4398.

MONTPETIT J, VIVANCOS J, MITANI-UENO N, et al., 2012. Cloning, functional characterization and heterologous expression of TaLsi1, a wheat silicon transporter gene[J]. Plant Molecular Biology, 79: 35-46.

MOORE K L, SCHR DER M, WU Z, et al., 2011. High-resolution secondary ion mass spectrometry reveals the contrasting subcellular distribution of arsenic and silicon in rice roots[J]. Plant Physiology, 156(2): 913-924.

MOTOMURA H, FUJII T, SUZUKI M, 2006. Silica deposition in abaxial epidermis before the opening of leaf blades of *Pleioblastus chino* (Poaceae, Bambusoideae)[J]. Annals of Botany, 97(4): 513-519.

NAYAR P K, MISRA A K, PATNAIK S, 1977. Evaluation of silica-supplying power of soils for growing rice[J]. Plant and Soil, 47: 487-494.

NIEMANN S, BURGHARDT M, POPP C, et al., 2013. Aqueous pathways dominate permeation of solutes across *Pisum sativum* seed coats and mediate solute transport via diffusion and bulk flow of water[J]. Plant Cell Environment, 36: 1027e1036.

PARRY D W, SONI S L, 1972. Electron-probe microanalysis of silicon in the roots of *Oryza sativa* L.[J]. Annals of Botany, 36(4): 781-783.

PATIL B, CHETAN H T, 2018. Foliar fertilization of nutrients[J]. Marumegh, 3(1): 49-53.

PERRY C C, KEELING-TUCKER T, 2003. Model studies of colloidal silica precipitation using biosilica extracts from *Equisetum telmateia*[J]. Colloid and Polymer Science, 281: 652-664.

PIPERNO D R, 1988. Phytolith analysis: an archaeological and geological perspective[J]. Americon Antiquity, 54(4): 872-873.

PONNAMPERUMA F N, 1965. Dynamic aspects of flooded soils and the nutrition of the rice plant[J]. The Mineral Nutrition of the Rice Plant, 295: 328.

PRAKASH N B, CHANDRASHEKAR N, MAHENDRA C et al., 2011. Effect of foliar spray of soluble silicic acid on growth and yield parameters of wetland rice in hilly and coastal zone soils of Karnataka[J]. South India. J.Plant Nutr., 34: 1883e1893.

PRYCHID C J, RUDALL P J, GREGORY M, 2003. Systematics and biology of silica bodies in monocotyledons[J]. The Botanical Review, 69(4): 377-440.

RAVEN J A, 2001. Silicon transport at the cell and tissue level[M]. Netherland: Elsevier.

REYNOLDS O L, KEEPING M G, MEYER J H, 2009. Silicon-augmented resistance of plants to herbivorous insects: a review[J]. Annals of Applied Biology, 155(2): 171-186.

RICHARD DREES L, WILDING L P, SMECK N E, et al., 1989. Silica in soils: quartz and disordered silica polymorphs[J]. Minerals in Soil Environments, 1: 913-974.

RIEDERER M, 2006. Thermodynamics of the water permeability of plant cuticles: characterization of the polar pathway[J]. J. Exp. Bot., 57: 2937e2942.

RIEDERER M, SCHREIBER L, 2001. Protecting against water loss: analysis of the barrier properties of plant cuticles[J]. J. Exp. Bot., 52: 2023e2032.

SAMUELS A L, GLASS A, EHRET D L, et al., 1991. Mobility and deposition of silicon in cucumber plants[J]. Plant, Cell & Environment, 14(5): 485–492.

SANGSTER A G, 1970. Intracellular silica deposition in mature and senescent leaves of *Sieglingia decumbens* (L.) Bernh[J]. Annals of Botany, 34(3): 557–570.

SANGSTER A G, HODSON M J, 1986. Silica in higher plants[J]. Ciba Found Symp, 121: 90–107.

SANGSTER A G, HODSON M J, TUBB H J, 2001. Silicon deposition in higher plants[J]. Studies in Plant Science, 8: 85–113.

SCHREIBER L, 2005. Polar paths of diffusion across plant cuticles: new evidence for an old hypothesis[J]. Annals of Botany, 95: 1069–1073.

SCHUSTER A C, BURGHARDT M, ALFARHAN A, et al., 2016. Effectiveness of cuticular transpiration barriers in a desert plant at controlling water loss at high temperatures[J]. Ann. Bot. Plants, 8: plw027.

SHWETHAKUMARI U, PALLAVI T, PRAKASH N B, 2021. Influence of foliar silicic acid application on soybean (*Glycine max* L.) varieties grown across two distinct rainfall years[J]. Plants, 10(6): 1162.

SOMMER M, KACZOREK D, KUZYAKOV Y, et al., 2006. Silicon pools and fluxes in soils and landscapes–a review[J]. Journal of Plant Nutrition and Soil Science, 169(3): 310–329.

SORATTO R P, CRUSCIOL C A C, CASTRO G S A, et al., 2012. Leaf application of silicic acid to white oat and wheat[J]. Rev. Bras. Ciência do Solo, 36: 1538e1544.

SUN H, GUO J, DUAN Y, et al., 2017. Isolation and functional characterization of CsLsi1, a silicon transporter gene in *Cucumis sativus*[J]. Physiologia Plantarum, 159(2): 201–214.

SUTTON J N, ANDRÉ L, CARDINAL D, et al., 2018. A review of the stable isotope bio-geochemistry of the global silicon cycle and its associated trace elements[J]. Frontiers in Earth Science, 5: 112.

TAKAHASHI E, MA J F, MIYAKE Y, 1990. The possibility of silicon as an essential element for higher plants[J]. Comments on Agricultural and Food Chemistry, 2(2): 99–102.

TAKAHASHI E, MIYAKE Y, 1976. Distribution of silica accumulator plants in the plant kingdom : (1) monocotyledons : comparative studies on the silica nutrition in plants(part 5)[J]. Japanese Journal of Soil Science & Plant Nutrition, 47: 296–300.

TAMAI K, MA J F, 2003. Characterization of silicon uptake by rice roots[J]. New phytologist, 158(3): 431–436.

THIAGALINGAM K, SILVA J A, FOX R L. Effect of calcium silicate on yield and nutrient uptake in plants grown on a humic ferruginous latosol: In Proc. Conf. on chemistry aud fertility of tropical soils. Kuallalumpur, Malaysia[J]. Malaysian Society of Soil Science, 1977: 149-155.

TUBANA B S, BABU T, DATNOFF L E, 2016. A review of silicon in soils and plants and its role in US agriculture: history and future perspectives[J]. Soil Science, 181(9/10): 393-411.

VERHEYE W H, 2009. Land use, land cover and soil sciences-volume IV: land use management and case studies[M]. Oxford: EOLSS Publications.

WANG H, YU C, FAN P, et al., 2015. Identification of two cucumber putative silicon transporter genes in *Cucumis sativus*[J]. Journal of Plant Growth Regulation, 34: 332-338.

WEINER S, 2008. Biomineralization: a structural perspective[J]. Journal of Structural Biology, 163(3): 229-234.

YAMAJI N, MA J F, 2007. Spatial distribution and temporal variation of the rice silicon transporter Lsi1[J]. Plant Physiology, 143(3): 1306-1313.

YAMAJI N, MA J F, 2009. A transporter at the node responsible for intervascular transfer of silicon in rice[J]. The Plant Cell, 21(9): 2878-2883.

YAMAJI N, MA J F, 2011. Further characterization of a rice silicon efflux transporter, Lsi2[J]. Soil Science and Plant Nutrition, 57(2): 259-264.

YAMAJI N, SAKURAI G, MITANI-UENO N, et al., 2015. Orchestration of three transporters and distinct vascular structures in node for intervascular transfer of silicon in rice[J]. Proceedings of the National Academy of Sciences, 112(36): 11401-11406.

YANG X, SONG Z, YU C, et al., 2020. Quantification of different silicon fractions in broadleaf and conifer forests of northern China and consequent implications for biogeochemical Si cycling[J]. Geoderma, 361: 114036.

YOSHIDA S, OHNISHI Y, KITAGISHI K, 1962. Histochemistry of silicon in rice plant: II. Localization of silicon within rice tissues[J]. Soil Science and Plant Nutrition, 8: 36-41.

YOSHIDA S, OHNISHI Y, KITAGISHI K, 1962. Histochemistry of silicon in rice plant: III. The presence of cuticle-silica double layer in the epidermal tissue[J]. Soil Science and Plant Nutrition, 8(2): 1-5.

第三章
硅肥生产技术发展历程及生产工艺

在农业发展历史上，肥料对于作物产量的提升起到了至关重要的作用，"有收无收在于水，收多收少在于肥"，据联合国粮食及农业组织（FAO）统计，在20世纪60年代发生的第一次绿色革命中，发展中国家通过施肥提高粮食作物单产幅度达55%～57%。但是，当前我国氮、磷、钾施用强度已经达到环境生态安全上限，通过继续增加传统肥料增加产量势必引发更大的生态环境代价，寻求新的增产元素是新一轮千亿斤粮食产能提升的重要途径。硅在自然界中分布广泛，是地球上第二大丰富的化学元素，但主要的存在形态为二氧化硅、硅酸盐矿物和硅酸铝等，只有经过漫长的转化过程，形成单硅酸才能被作物根系吸收。因此，土壤中硅元素含量虽然高，但作物可吸收利用的硅含量甚微，加之常年收获作物和土壤径流带走大量有效硅，使大量农业土壤中作物可吸收硅含量偏低，外源补充硅元素可有效缓解土壤硅供应不足。本章将对国内外硅肥技术发展史以及不同来源的硅原料及与之相应的加工工艺进行介绍。

3.1 硅肥生产技术发展简介

全球硅肥产业的发展可以概括为从硅元素植物作用发现到硅肥生产应用再到硅元素有效性提高三个主要阶段。1787年，"近代化学之父"法国著名化学家拉瓦锡（Lavoisier）首次在岩石中发现硅的存在。1840年，德国科学家李比希在温室探索硅酸盐对甜菜生长影响的试验后，首次建议将硅酸钠作为硅肥来提高作物产量（Liebig, 1840）。1856年以来，研究人员在英国洛桑实验站进行了一项探索硅酸钠对草和大麦的生长影响的长期试验，结果表明，无论是新施入的硅酸钠还是之前残留的硅酸钠，都会使缺磷或缺钾的地块上的作物产量大幅度增加，同时不会对地块造成二次污染（Rothamsted Research, 2006）。1881年美国的Zippicotte（1881）获得了第一个使用矿渣作为肥料的专利，然而当时的硅并未被美国植物食品控制官员协会（AAPFCO）批准为植物有益物质，直到2012

年才获批。1898年，Maxwell（1898）在夏威夷群岛首次对植物可用土壤中的硅含量进行了分析。美国加州大学Sommer（1926）发现硅元素可以改善水稻和小麦的生长，Lipman（1938）发现在培养基中添加硅对向日葵和大麦有明显的增效。1930年，日本学者开始探索研究水稻的硅素营养机制。1954年，日本首个大规模的硅肥制造厂在高冈市正式开始投产运营，这是全球第一个实现硅肥制造产业化的工厂。1955年日本农林水产省将硅肥列入肥料清单进行大面积推广，硅元素的作用受到了普遍认可（Ma and Takahashi，2002）。1957年，日本成立硅肥协会。1965年，日本硅肥制造企业最先对熔渣进行研磨过筛后生产硅肥并投入市场进行销售，这一举措普及了熔渣硅肥的应用，并在农业生产中获得了显著的成效。

我国硅肥的生产相比其他国家起步较晚（图3-1），20世纪70年代，借鉴日本硅肥生产技术经验，中国开始对硅肥进行研究，在长江以南部分区域进行了关于硅肥影响水稻生长的田间试验。20世纪80—90年代初，我国政府组织专业学术团队到日本等国考察学习硅肥生产技术后，研究人员开始利用粉煤灰、泡花碱等原料成功进行了硅肥生产，从此以后，我国开始进入大规模研究硅素营养及硅肥生产技术阶段。1990年，蔡德龙博士从日本留学归国后，致力于硅肥制备技术的研究和推广工作，将国外先进的硅肥生产技术与国内的实际情况相结合，主持完成了"八五"重点科技攻关课题"硅营养及硅肥的研制与应用研究"。同年，在河南信阳建立了国内首个以炼铁水淬渣为原料的硅肥厂，这也是我国第一个硅肥生产项目。1996年，河南省硅肥工程技术研究中心成立。1998年硅肥被列为"九五"国家科技成果重点推广项目。从此以后，国内硅肥生产厂家陆续建成投产。1999年，河南省颁布了硅肥地方标准。2001年，中华人民共和国科学技术部组织出版了《硅肥及施用技术》著作和《硅营养研究与硅肥应用》论文集。2004年农业部颁布实施行业标准《硅肥》（NY/T 797—2004），将硅肥正式纳入土壤调理剂的范畴，这是以炼铁炉渣、黄磷炉渣、钾长石、海矿石、赤泥、粉煤灰等为主要原料生产的枸溶性硅肥。但是这类产品由于重金属含量较高、有效硅含量低、施用量大和运输成本高等问题，在我国大面积的推广使用受到了限制。2010年，农业部办公厅发布《农业部肥料登记评审委员会议定事项》，要求硅作为土壤调理剂登记。2014年，农业部因钢渣硅肥重金属含量超标问题要求不得选择以矿渣等为原料的土壤调理剂，并停止备案登记。2021年，农业农村部颁布标准《含硅水溶肥料》（NY/T 3829—2021），水溶性硅肥以单硅酸、硅酸钾等水溶性硅酸盐或纳米硅为主要形态，具有作物有效性高、用量少、转化快、施用方便等特点，非常适合利用无人机、水肥一体化等现代农业装备进行施用，在国内迅速掀起了硅肥推广热潮，我国的硅肥研究与发展进入了加速发展的阶段。

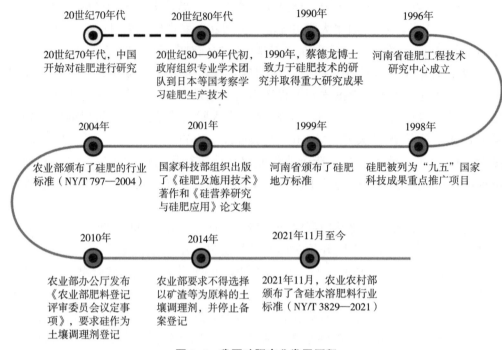

图 3-1 我国硅肥产业发展历程

3.2 硅肥生产加工工艺

硅肥是一种富含硅元素的微碱性肥料，根据所用原料和生产工艺的不同，目前我国生产施用的硅肥主要分为两类：第一类是利用冶炼厂、发电厂、磷酸厂等工厂生产加工过程中产生的含硅固体废料，加入合适的助剂，利用机械磨细或高温煅烧等工艺加工而成的枸溶性硅肥，这类硅肥的生产工艺基本采用"自然风干炉渣—球磨或高温煅烧—过筛—干燥"的流程，该工艺生产的枸溶性硅肥成本相对较低，虽然有效硅含量较低，但施入土壤后硅素释放缓慢、不易淋失，具有肥效时间长的优点（王敬伟和纪发达，2021b）。第二类是人工合成的水溶性硅肥，如硅酸钠、硅酸钾、偏硅酸钠和主要成分为硅酸钠、硅酸钾的复配硅肥。其基本工艺是以泡花碱、石英砂等为原料，经过浓缩结晶、造粒或喷雾干燥等方法制成。这类硅肥有效硅含量高，总硅含量在50%左右，但该工艺需要消耗大量石英矿石，成本较高。除了这两类常规硅肥，近年来，随着对硅肥的不断深入探索，单硅酸肥料因其分子形态（H_4SiO_4）可直接被作物吸收利用得以广泛研究和推广；胶体二氧化硅肥料因硅含量高、可复配性好、施用方便、安全有效等优点逐步进入大众视野。此外，纳米二氧化硅肥料因其具有更高的生物利用度、溶解度以及对污染物吸附性强和提升植物抗性等优势也备受关注。不同类型的硅肥由于原料不同，相对的加工工艺方法也有较大差异，本部分将对不同硅肥的生产工艺进行介绍。

3.2.1 枸溶性硅肥及其生产工艺

枸溶性硅肥指的是不溶于水而溶于酸后可以被植物吸收的硅肥（鄢继伟，2016）。其主要利用冶炼行业中的高炉渣（主要有炼铁水淬渣、黄磷渣、煤矸石、粉煤灰等）和硅石、钾长石等矿物作为原料进行生产。以炼铁炉渣、黄磷炉渣、钾长石、海矿石、赤泥、粉煤灰等为主要原料生产的硅肥，该类产品以有效硅含量作为检测标准（表3-1），其中有效硅一般采用重量法（仲裁法）进行测定：试样经稀盐酸浸提，过滤后的浸提液在硼酸存在下加盐酸蒸干，硅酸脱水形成二氧化硅，再加入动物胶使二氧化硅凝聚，用氢氟酸处理二氧化硅，使其呈四氟化硅挥发除去，根据氢氟酸处理前后的质量差计算出有效二氧化硅含量。

表3-1 《硅肥》（NY/T 797—2004）行业标准中关于有效硅等指标要求

项目	合格品指标
有效硅（以 SiO_2 计）含量（%）	≥20.0
水分含量（%）	≤3.0
细度（通过250μm 标准筛）（%）	≥80

注：硅肥还应符合有关国家标准中关于肥料中砷、镉、铅、汞的限量要求。

枸溶性硅肥在生产加工过程中，通常采用机械活化、化学活化和热化学活化等方法来提高原料中硅的有效性。其中机械活化的原理主要是通过机械研磨，增加原料的比表面积，进而提高水解反应的接触面；化学活化的主要原理是通过外界作用加速结晶态硅的风化，加速有效硅的浸出；热化学活化的原理是结晶态硅在高温下与加入的其他物质发生固相转变，使结晶态硅转化为可溶性的无定形 SiO_2。就不同加工方法的硅有效性而言，一般热化学活化加工硅肥的活性会高于化学活化加工硅肥，且两者加工硅肥的活性高于机械活化加工硅肥的活性。在具体生产硅肥时，通常也会加入部分中微量元素（如钙、锌、硼等）、碳酸钾等物质以提高枸溶性硅肥的综合养分含量，从而生产出适合于不同作物和土壤情况的肥料产品。枸溶性硅肥的典型活化方法原理、化学反应参数和产物特点介绍如下。

（1）机械活化法

机械活化法是指高炉渣受机械力的作用产生化学变化或者物理化学变化，也叫机械化学活化，主要方式包括球磨、振动磨和研磨（邹文思，2023）。经过机械活化处理的颗粒和晶粒会被细化，矿物晶体的键能产生变化，晶格产生错位、缺陷和重结晶，表面形成易溶于水的非静态结构（许远辉 等，2004）。此处理方法还会增大含硅颗粒与水分子的接触面，使更多水分子轻易地进入颗粒内部，加速水化反应，从而提高硅的活性。

机械活化法生产工艺流程大致为：从电炉流出来的高炉渣，经渣道用高压水淬成碎粒，沉积在沥水池中，再用抓斗机取出运至堆场风干，自然干燥至水分小于15%，筛去杂土、金属碎块等杂质备用。向风干的高炉渣中加入定量的生石灰，并输送球磨机中研磨粒径至 0.15～0.178mm，加入合适的黏结剂（如黏土）和定量的水在造粒机中造粒至粒径 2～4mm，经烘干干燥后过筛，通过筛网的颗粒经皮带输送至成品贮斗进行包装。其工艺流程如图 3-2 所示。

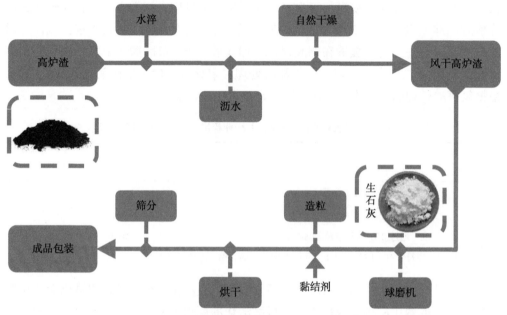

图 3-2　构溶性硅肥机械活化生产工艺流程

机械活化可通过机械研磨有效增大高炉渣的比表面积，该工艺操作简单、成本投入低；但机械活化仅仅是将高炉渣或与其他物质混合研磨后作为硅肥，并未对其进行化学处理，其主要成分未发生化学变化，大部分还属于硅酸盐分子结构，虽提高了炉渣的比表面积并加速其溶解，但仍是不易被植物吸收的状态。

（2）化学活化法

化学活化法是指通过外界作用如酸、碱、盐溶液处理高炉矿渣，同时改变温度、压力、环境（酸碱度）、时间等因素，使矿物风化加速，达到高炉矿渣的有效元素浸出的效果。目前，化学活化法大多采用的是将化学活化与机械活化相结合的方式，以提高高炉矿渣的水化活性。

高炉矿渣中硅、铝的化学键主要以硅氧键和铝氧键存在，一般以硅氧四面体（SiO_4）和铝氧四面体（AlO_4）的形式存在，SiO_4 中的 Si-O 键在受到酸、碱、盐溶液处理时会发生断裂，从而产生不饱和的反应键，使高炉渣中的硅氧四面体 SiO_4 活化，加大硅元素的溶出量（范立瑛和王志，2010）。

化学活化法生产工艺流程大致为：从电炉流出的高炉渣经水淬、自然风干后，用球磨机将大块的炉渣破碎、粉磨成粒径小于 2mm 的粉末；向反应釜中按比例加入炉渣粉末和活化剂（如苛性碱、铵盐、无机酸等），在充分搅拌下发生化学反应，活化后的物料经过自然风干水分、调节 pH 值等处理后通过 2mm 标准筛，过筛的碎粒经皮带输送至成品贮斗进行包装。其工艺流程如图 3-3 所示。

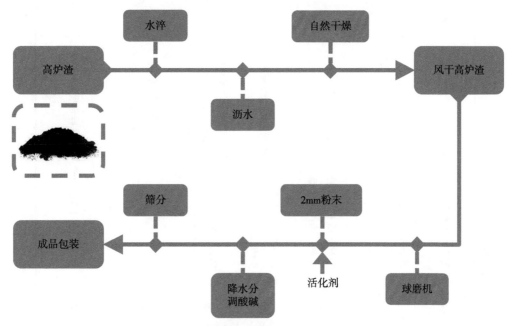

图 3-3　构溶性硅肥化学活化生产工艺流程

化学活化高炉渣可通过外界作用加速矿物风化使有效元素浸出，相较于机械活化方法，化学活化效果显著，但是现有方法无论是浸提后分离还是前处理后陈化，大多需要经过多次研磨、长时间的放置或高温蒸养，消耗大量时间且能耗较高。

除以上生产工艺外，在现有工艺中，还有采用其他活性激发剂如硫酸铵盐、水蒸气、无机酸等原料使高炉渣中的硅元素加速浸出，如表 3-2 所示。

（3）热化学活化法

热化学活化法是在高温状态下高炉渣与加入的其他物质（碳酸盐、硫酸盐等）发生固相转变，并伴有结构膨胀和成分挥发现象，使其结构转化为多微孔（介孔、微孔结构）、多断键（Si-O、Al-O）、多可溶物（可溶性 SiO_2）和内能更高的无定形结构（李光辉，2004），使高炉渣中的硅活化成为可溶的无定形 SiO_2 的方法。

在采用不同的原料进行热化学活化法加工时，会根据原料的特性进行预处理。对于重金属含量比较高的原料，一般先采用高温煅烧、酸解、置换、氧化还原等措施去除重金属，而对于不含重金属或含量比较低的原料，会直接采用煅烧 - 粉碎的方法对高炉渣进行活化。

表 3-2 高炉渣化学活化生产枸溶性硅肥效果对比（刘洋和张春霞，2019）

活化介质	活化剂	初始粒度 (mm)	活化剂量（相对原料密度）	处理温度	处理时间	最终粒度 (mm)	辅助处理条件	效果	文献来源
酸	浓 H_2SO_4/HCl	≤ 2	6% ~ 10%	—	≥ 12h	—	酸处理后加碱中和	有效硅 14% ~ 21%	邵建华，2002
	浓度为 25% ~ 32% 的 H_2SO_4/HNO_3/H_3PO_4	≤ 0.2	60% ~ 80%	30 ~ 40℃	1 ~ 2d	—	40 ~ 80℃下干燥	提高产量、改善植株生长、改良果实外观、口味	王岐山等，2002
	浓度为 85% 的 H_3PO_4	≤ 0.075	5% ~ 20%	—	30min	≤ 0.5	活化剂用 1.25 倍的水稀释，100℃下干燥	有效硅含量最高由 $2mg·g^{-1}$ 提高至 $23mg·g^{-1}$	李荣田，1999
碱	有机碱（黑液、木质素磺酸钠等）	—	3% ~ 15% 及 9% ~ 15% 的水	微波：600 ~ 900W	研磨：5 ~ 30min；微波：1 ~ 30min	—	60 ~ 90℃下干燥 30 ~ 60min	水溶性硅含量增幅显著	Hidemi et al.，2000
盐	硫酸铵盐类	0.060 ~ 0.160	3 ~ 18 倍	200 ~ 500℃	10 ~ 60min	10 ~ 40	将大块熔融料破碎至 10 ~ 40mm 小粒	产品含多种元素对作物生长增产有利，肥料性质稳定，易保存	薛向欣等，2008
		≤ 40	100%	100 ~ 300℃	蒸汽中：1 ~ 4d；大气中：30d	≤ 0.3	—	有效元素含量高，易于土中崩解，利于长期储存	薛向欣等，2009
水	水蒸气	—	1 ~ 10 倍	—	4 ~ 10h	≤ 2	蒸气压 6 ~ 15$kg·cm^{-2}$	可溶性硅含量大于 30%	Takahir et al.，2008

热化学活化多数将机械活化、化学活化与热化学活化相结合，来最大限度地激活高炉渣的水化活性。热化学活化生产工艺流程大致为：从电炉流出的高炉渣，经水淬、自然风干后，用球磨机将大块的炉渣破碎、粉磨成粒径 60～160mm 的粉末；按比例加入活化剂（如碳酸盐、硫酸盐等）混合均匀，将混合均匀的物料输送至炉内在空气气氛中高温煅烧至熔融状态，冷却后用输送机送入双辊粉碎机粉碎至粒径 4～10mm，过筛的碎粒经皮带输送至成品贮斗进行包装，未通过的返回进行二次粉碎。其工艺流程如图 3-4 所示。

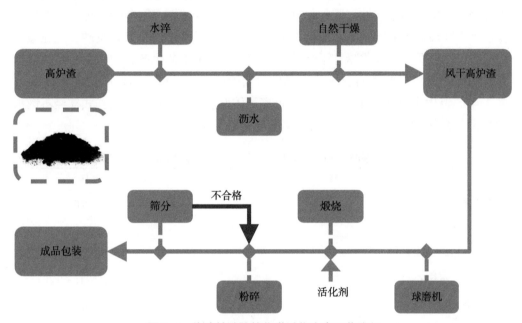

图 3-4 构溶性硅肥热化学活化生产工艺流程

利用热化学活化法工艺对含硅炉渣进行活化可使对植物有益元素构溶，减少养分流失，可以通过调整炉渣矿物的构成来调整有效硅的含量，但因控制参数范围浮动，有效成分变化范围较大。

因工业废弃物的来源不同，依据材料的性质，在采用热化学活化法进行硅肥加工中工艺参数会做出相应调整。武艳菊等（2005）将粉煤灰粉碎至粒径 0.074mm 以下，按粉煤灰与添加剂的质量比 5∶6 和 1∶1 的比例分别加入 K_2CO_3 和 $CaCO_3$ 混合均匀，在 800℃下焙烧 10min，可使粉煤灰中有效硅含量增加 30 倍。王生全等（2009）采用热化学活化方法对煤矸石进行高温煅烧处理，具体步骤包括：将煤矸石破碎过 0.178mm 筛网，按照质量比煤矸石∶$CaCO_3$∶Na_2CO_3∶NaOH=1∶0.1∶0.5∶0.05 混合均匀后置于混合器中。将混合均匀的物料在 700℃下煅烧 2h，冷却后即为硅肥。该硅肥有效硅含量为 21.0%，符合国家标准。宋春华（1983）将粉煤灰研磨细，按比例与苛性钾或碳酸钾、氢氧化镁或碳酸钙混合均匀，将混合物料挤压成 2～4mm 小粒经干燥后在 700～800℃下煅烧 30min，可使粉煤灰中枸溶性硅酸含量达到25%以上。金燕燕（1991）在黄磷生产过程中向磷矿石中加入焦炭和硅石，在1450℃下煅烧，得到含硅的枸溶性肥料——黄磷渣，其有效SiO_2含量24.5%，有效P_2O_5含量1.4%。

3.2.2 水溶性硅肥生产工艺

水溶性硅肥是人工合成的，以硅酸钾、硅酸钠等水溶性硅酸盐为主要成分，经水溶解或稀释，用于灌溉施肥、叶面施肥、无土栽培、浸种蘸根等用途的固体或液体肥料，常见的水溶性硅肥如单硅酸，硅酸钠、硅酸钾、偏硅酸钠等水溶性硅酸盐以及主要成分为硅酸钠和硅酸钾的复配硅肥。其基本工艺是以石英砂、泡花碱等为原料经过结晶、造粒或喷雾干燥等方法制成，这种工艺生产出的硅肥有效硅含量高，总硅含量在50%左右，该类产品以水溶性硅元素含量作为检测标准（表3-3，表3-4），其中水溶性硅元素一般采用等离子体发射光谱法进行测定：式样经蒸馏水稀释，在等离子体发射光谱仪中测定硅元素。

表3-3 《含硅水溶肥料》（NY/T 3829—2021）粉末或颗粒产品技术指标要求

项目	指标
水溶性硅元素含量（Si）（%）	≥ 10.0
钠元素含量（Na）[a]（%）	< 10.0
水不溶物含量（%）	≤ 1.0
pH值（1∶250倍稀释）	5.5～11.5
水分含量（H_2O）（%）	≤ 3.0
粒度（1.00～4.75mm或3.35～5.60mm）[b]（%）	≥ 90

[a] 不高于10.0%，且钠元素含量同时不应超过硅元素含量的50%
[b] 仅适用于颗粒产品

表3-4 《含硅水溶肥料》（NY/T 3829—2021）液体产品技术指标要求

项目	指标
水溶性硅元素含量（Si）（$g·L^{-1}$）	≥ 100
钠元素含量（Na）[a]（$g·L^{-1}$）	< 100
水不溶物含量（$g·L^{-1}$）	≤ 10
pH值（1∶250倍稀释）	5.5～11.5

[a] 不高于$100g·L^{-1}$，且钠元素含量同时不应超过硅元素含量的50%

（1）硅酸钠/钾生产工艺

硅酸钠（$Na_2O \cdot XSiO_2$）及硅酸钾（$K_2O \cdot XSiO_2$）均是可溶性的硅酸盐类，它们的生产工艺相似，目前，国内外生产硅酸钠/钾的方法有干法和湿法两种。

①干法——碳酸盐法。干法是将石英砂和碳酸钠/钾磨细并混合均匀后在高温下熔融，生成熔融硅酸钠/钾，再经过常压蒸煮或高压溶解得液体硅酸钠/钾。其化学反应为：

$$M_2CO_3 + XSiO_2 \xrightarrow{1\,400℃} M_2O \cdot XSiO_2 + CO_2\uparrow$$

式中 M 可以是钾，也可以是钠；X 称模数，系 SiO_2 与 M_2O 的摩尔比，是硅酸钠/钾的重要参数。模数越大，固体硅酸钠/钾越难溶于水，X 为 1 时常温水即能溶解，X 加大时需热水才能溶解，X 大于 3 时，需 4 个大气压以上的蒸汽才能溶解。硅酸钠/钾模数越大，氧化硅含量越多，样品黏度增大，易于分解硬化，黏结力增大。

干法生产水溶性硅肥工艺流程大致为：将原料石英砂与碳酸盐（生产硅酸钠时原料为碳酸钠，生产硅酸钾时原料为碳酸钾）磨细并混合均匀，将混合物在 1 400℃左右的炉内用重油或电加热成熔融状态，物料经充分熔融后于透明体状态下取出，经冷却固化，呈碎玻璃状，然后将物料粗碎，粗碎后置于加压釜中，通加压蒸汽溶解，静置澄清，使不溶物沉淀，过滤后的滤液经真空蒸发浓缩即为液体硅酸钠/钾（孙颜刚和柏勉，2017）。

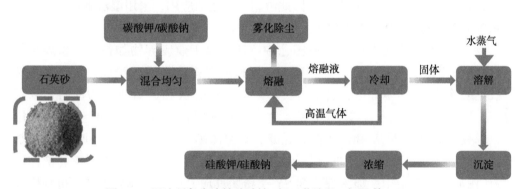

图 3-5　干法制备水溶性硅酸钠/钾工艺流程 (赵强 等，2015)

其中熔融液冷却有干法成型和水淬法成型两种方法：①干法成型：此种工艺熔融料液的冷却方式是水冷，仅在链板底部使用冷却水冷却链板，冷却水可以循环利用，不会污染环境。由于物料不与水直接接触，不会发生水解，提高了成品的品质，保证了成品的纯度。②水淬法成型：此种工艺因硅酸钠/钾在水中会发生水解，在冷却水中产生碱泥。冷却水循环使用，温度越高，硅酸钠/钾水解程度越大，冷却效果越低，因此需要不断排出废水，此种生产方法因会造成环境污染已被淘汰（孙颜刚和柏勉，2017）。

干法为高模数（X＞2.5）硅酸钠/钾的主要生产方法，其优点是可根据需要生产不同模数的硅酸钠/钾产品，如模数为 0.5～4.0，用干法生产时，可以根据需要调节（吴兴科，1986），对原料的适应性较广，生产过程中投资较大，所需设备多，适用于大规模生产（王敬伟和纪发达，2021a）。

②湿法。湿法是将石英砂和液体氢氧化钠/钾在加压釜内用蒸汽加热并搅拌，使它在2～3个大气压下进行反应而成液体硅酸钠/钾。其化学反应为：

$$2MOH+XSiO_2 \xrightarrow{压力、中温} M_2O \cdot XSiO_2+H_2O$$

式中的M是钾或钠。用湿法生产时，模数值为0.5～2.5。

湿法生产工艺流程大致为：将碱（MOH，M代表钾或钠）溶液与石英砂放入加压釜中，通入加压蒸汽，使之发生反应，反应产物经过滤除去不溶性杂质，在蒸煮釜中把溶液蒸浓后，即为成品（图3-6）。

图 3-6　湿法制备水溶性硅酸钠/钾工艺流程（赵强 等，2015）

湿法反应的优点是基建投资低，能耗低，高压蒸汽温度只在180℃左右（王敬伟和纪发达，2021a）；几乎无污染，仅有少量未反应完全的石英粉废渣需要处理；产品质量高，根据使用要求便于调整；其缺点是反应速度较慢，而且难以生产高模数的硅酸钠/钾（模数<2.5），因此限制了此法的应用，采用湿法生产的水玻璃（水玻璃为硅酸钠液体状态）仅占我国总产量的5%。

除了以上生产工艺，在现有工艺中，还有以工业废弃物如铁渣、粉煤灰等为原料采用湿法制备工艺，加入碱液、无机酸等提取剂进行浸取，制得水溶性硅酸钠/钾肥，具体如下：曾益坤（1997）以稻壳灰和氢氧化钾为原料，采用湿法工艺，将稻壳灰：氢氧化钾：水=2:1:9搅拌混匀，在0.4～0.5MPa压力、温度120℃下反应2h，降温后过滤、真空浓缩至水分30%～40%制得模数$X（SiO_2:K_2O）$=3.2～3.3的硅酸钾溶液。刘思彤等（2022）将铁尾矿和液体碱按比例加入反应釜中，加入催化剂SY-1密闭反应，反应完成后过滤，得到模数为2.5～3.5水玻璃产品。程芳琴等（2019）将粉煤灰与氢氧化钠溶液按固液比为1:2～1:4混合，在90～100℃下反应，过滤分离得到脱硅灰和脱硅液，将脱硅灰与粉煤灰、钠盐混合研磨，在850～900℃下焙烧，将焙烧产物与盐酸溶液混合，在80～90℃下反应，过滤、水洗得到酸浸渣，将酸浸渣与脱硅液按照固液比为1:2～1:5混合，在70～100℃下加热反应，过滤得到模数3.0以上的水玻璃。尹海英和舒明勇（2014）采用水热碱溶法，将硅藻土在700℃下焙烧，将焙烧产物与NaOH溶液混合进行碱溶，过滤除去杂质后，滤液结晶析出固体，干燥后即为硅酸钠固体。

（2）偏硅酸钠生产工艺

偏硅酸钠是指二氧化硅与氧化钠摩尔比（模数X）为1的硅酸钠。按所含结晶水的不同，可分为无水偏硅酸钠、五水偏硅酸钠和九水偏硅酸钠等多种产品。其中无水偏硅酸钠的生产成本高，使用厂家较少；九水偏硅酸钠易吸潮、结块，已逐步淘汰；五水偏硅酸钠是水合偏硅酸钠中性能最优良，用途最广的一种，因此最为典型、应用最多，其结晶体的分子式通常写作 $Na_2SiO_3 \cdot 5H_2O$，或者 $Na_2O \cdot SiO_2 \cdot 5H_2O$（唐锦近，2009）。

目前，国内外五水偏硅酸钠的生产工艺归结起来主要有3种：

① 水溶液结晶法。水溶液结晶法是将工业水玻璃及工业烧碱以及循环母液配制成固形物（SiO_2+Na_2O）含量为30%～50%，模数0.95～1.05，在充分搅拌下，经分段冷却，控制不同温度，结晶出五水偏硅酸钠，然后进行固液分离、干燥，得到结晶状产品（图3-7）。

石英砂与氢氧化钠反应生成硅酸钠，X为模数，反应式如下：

$$XSiO_2 + NaOH \longrightarrow Na_2O \cdot XSiO_2 + H_2O$$
$$Na_2O \cdot XSiO_2 + 2(X-1)NaOH \longrightarrow X(Na_2O \cdot SiO_2) + (X-1)H_2O$$

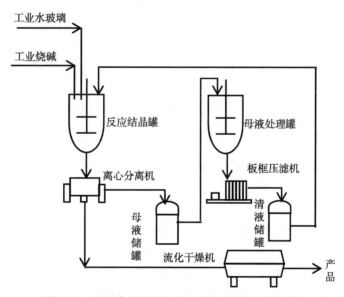

图3-7 水溶液结晶法生产五水偏硅酸钠工艺流程

水溶液结晶法生产工艺流程大致为：在反应釜中加入计量的水玻璃，于搅拌下加入含量为30%～50%的液体氢氧化钠，调整模数到0.98～1.03，升温至80～100℃，反应30～60min。然后升温至110～120℃，蒸发浓缩至（55±1）%，再冷却至90～100℃与一定浓度的循环母液混合，迅速冷却至适当温度，然后按特定的降温程序降温，中间加入晶种和其他添加剂，控制结晶时间和搅拌速度，在35℃左右，过滤，得到含游离水小于4%的五水偏硅酸钠，短时热风干燥或低温鼓风干燥即得成品（唐锦近，2009）。

该法生产过程中无须反复加热冷却，结晶时间短，节约能耗，但运用该法生产偏硅酸钠的主要缺点是粒度太细，产品在母液中夹带太多，影响产品质量（王敬伟和纪发达，2021c）。

②结晶粉碎法。结晶粉碎法可通过分析计算，比较精确地制备出五水偏硅酸钠熔体，然后（加入晶种、其他络合物或不加）进行充分有效地冷却结晶，再将大结晶体（块或片状）机械粉碎、研磨筛分，即可得到结晶形状不规则的粉状产品（图3-8）。

结晶粉碎法工艺的特点是：该法对原料纯度要求严格，生产过程间歇进行，生产稳定，操作简单可行，投资较低；由于晶体较硬，需经多次研磨，且含铁量偏高，还伴有一定粉尘，因此产品的色泽、外观和溶解性稍差，颗粒不规则。

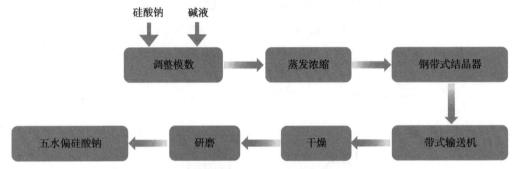

图3-8　结晶粉碎法生产五水偏硅酸钠工艺流程

③造粒法。造粒法又称为干法，是在较高温度下，将液体泡花碱和液体烧碱按照合适的比例，通过造粒塔与热空气接触，干燥而得到产品，实质是五水偏硅酸钠熔融体被喷淋在五水偏硅酸钠细小晶体上，冷却结晶造粒，所以有时也称为喷淋造粒法或一次造粒法。

造粒法生产工艺流程大致为：在工业水玻璃中，用氢氧化钠或硅酸盐溶液调整摩尔比$SiO_2:Na_2O=1:1$左右，在80～100℃放置数小时，然后将溶胶送到一个由五水偏硅酸钠粉末铺设的转盘上（旋转造粒机），五水偏硅酸钠即被结晶，被结晶的微粒以切线方向从转盘中送出，通过自由落体运动下落至圆筒干燥器中，在30～50℃中干燥成品（图3-9）。产品粒径为1～2mm。该工艺的核心问题是：第一步由液碱将水玻璃溶液调整到准确的模数，其关键是模数和固体含量处于非常窄的范围；第二步在空调气体保护下，喷淋冷却造粒。

与水溶液结晶法和结晶粉碎法相比，造粒法能耗大，设备复杂，且对原材料质量要求高，技术难度大，但造粒法工艺流程短，产率高，且产品外观呈球状颗粒，均匀规则，流动性好，无粉尘，不易受潮，无须母液循环，是国际上最先进的五水偏硅酸钠的制造工艺。

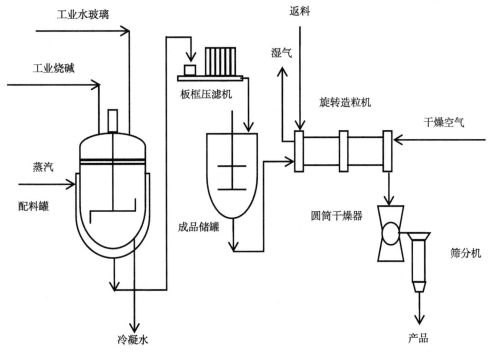

图 3-9　一次造粒法生产五水偏硅酸钠工艺流程

（3）单硅酸生产工艺

单硅酸（H_4SiO_4）可能是唯一可以在生理 pH 值范围内穿过植物根系质膜的分子种类（Raven，2001）。植物通过扩散作用和蒸腾作用的影响诱导根系以单硅酸（H_4SiO_4）的形式吸收硅。但单硅酸极易自聚，只有 SiO_2 浓度小于 100mg·kg^{-1} 时（25℃），单硅酸才能长时间溶解并存在于水中；当 SiO_2 浓度大于无定形 SiO_2 的溶解度（100～200mg·kg^{-1}）时，且溶液中无固体 SiO_2 存在时，单体 $Si(OH)_4$ 缩聚形成二聚体和其他高分子量的硅酸（陈甘棠和蒋新，2003）。因此工业上单硅酸的生产工艺一般为：首先，将水玻璃用蒸馏水稀释，按比例加入合适的稳定剂，混合均匀后，按一定流速通过阳离子交换树脂，此时，水玻璃中的 Na^+ 被去除，H^+ 与水玻璃中的 SiO_3^{2-} 形成 $HSiO_3^-$，紧接着通过阴离子交换树脂，除去杂质 Cl^-，先后经过阳、阴离子交换树脂的离子交换得到纯净的活性单硅酸溶液。一直存在的稳定剂与刚形成的活性单硅酸螯合形成稳定的单硅酸溶液，单硅酸与稳定剂的螯合不仅阻止了新生态的单硅酸粒子失去稳定性聚集成小颗粒生成硅酸凝胶，还使螯合后的单硅酸在水中的溶解度大大增加。最后经过浓缩、纯化等步骤得到高浓度的稳定单硅酸液体产品。

3.2.3　胶体二氧化硅硅肥及其生产工艺

胶体二氧化硅又称硅溶胶，外观为乳白色半透明的稳定胶体溶液，无臭无毒，多数呈碱性溶液，少数呈酸性，其分子式可表示为 $mSiO_2 \cdot H_2O$。硅溶胶中 SiO_2 的质量分数一般在 10%～35%，高时可达 50%。其粒子比表面积为 50～400$m^2 \cdot g^{-1}$，粒径范围一般在 5～100nm（陈连喜 等，2007）。硅溶胶的胶团结构化学式如图 3-10 所示。

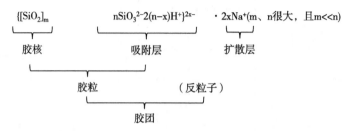

图 3-10 硅溶胶化学式（陈连喜 等，2007）

按硅溶胶的生产工艺不同，可分为离子交换法、单质硅一步溶解法、电解电渗析法、酸中和法、胶溶法、分散法等。目前，离子交换法和单质硅一步溶解法已广泛应用于企业生产，电解电渗析法、酸中和法、胶溶法、分散法仅在实验室研究阶段。

（1）离子交换法

离子交换法又称为粒子增长法。是以水玻璃为原料，通过离子交换去除水玻璃中的 Na^+ 生成聚硅酸溶液，通过制备晶种，发生粒子增长反应，再经过浓缩、纯化等步骤制备出硅溶胶产品（陈连喜 等，2007）。其过程基本如下：

首先将水玻璃用蒸馏水稀释，按一定流速通过阳离子交换树脂，水玻璃中的 Na^+ 通过树脂柱时与树脂上的 H^+ 进行离子交换，这时水玻璃中的 Na^+ 被去除，H^+ 与水玻璃中的 SiO_3^{2-} 形成 $HSiO_3^-$，离子交换反应式为：

$$2R^-SO_3^-H^+（阳柱）+ Na_2O \cdot mSiO_2 \longrightarrow 2RSO_3Na^+ + mSiO_2 \cdot H_2O（硅溶胶）$$

由于阳离子交换柱中含有少量的 Cl^-，在进行阳离子交换时，Cl^- 会随着交换的进行进入到活性硅酸溶液中，阴离子的存在直接影响着硅溶胶的稳定性，所以我们要再进行阴离子交换，以除去杂质 Cl^-。

新生态的二氧化硅很活泼，必须处于一定的 pH 值范围，才能防止其发生凝胶现象，而且新生态的二氧化硅很容易通过离子增长转变成胶核 $(SiO_2)_m$

$$mSiO_2 \longrightarrow (SiO_2)_m$$

与此同时，胶核具有很强的吸附性，在离子增长和去水浓缩过程中，吸附阴离子 $HSiO_3^-$ 形成胶粒：

$$(SiO_2)_m + HSiO_3^- \longrightarrow (SiO_2)_m \cdot HSiO_3^-$$

胶粒 $(SiO_2)_m \cdot HSiO_3^-$ 是带负电的，由于电荷的不平衡，因此它是不稳定的，必须加入氨型、钠型、钾型或其他形式的稳定剂。由于稳定剂受到胶粒的静电吸引，形成电中性的胶团，就生成了性质稳定的硅溶胶。

$$(SiO_2)_m \cdot HSiO_3^- + M^+ \longrightarrow (SiO_2)_m \cdot HSiO_3^- \cdot M^+$$

离子交换法生产工艺流程大致为：将稀释到一定质量浓度的水玻璃溶液以一定的流量通过阳离子交换树脂床，除去稀水玻璃溶液中的钠等金属阳离子，制得聚硅酸溶液，再以一定流量通过阴离子交换树脂床，得到碱性聚硅酸溶液，静置陈化后得到硅溶胶母液，母液再经过粒子增长反应、浓缩、纯化等步骤制备出硅溶胶产品（图3-11）。

离子交换法可以根据不同的工艺组合合成不同性能的硅溶胶，因工艺要求所用原料为低浓度的水玻璃溶液，致使蒸发浓缩过程时间长，能耗大，且进行离子交换树脂时产生的大量废水需加以处理。

（2）单质硅一步溶解法

采用无机或有机碱性物质作催化剂，以单质硅与纯水反应来制备硅溶胶的方法称为硅溶解法，即单质硅一步溶解法（田华，2008）。制备原理如下：

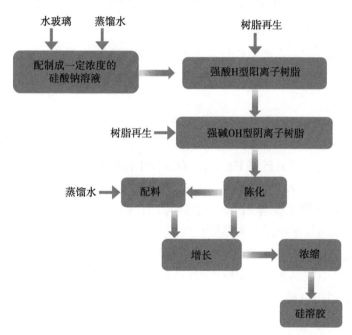

图3-11 离子交换法生产硅溶胶工艺流程（郑典模 等，2014）

硅粉在碱性催化剂的作用下和水发生水解反应生成硅酸分子：

$$Si + 2OH^- + H_2O \longrightarrow SiO_3^{2-} + 2H_2\uparrow$$

生成的活性硅酸有强烈的自团聚趋势，故活性硅酸软团聚之后形成聚硅酸。当溶液中硅酸的浓度达到过饱和之后，部分活性硅酸自行发生脱水缩合反应析出晶核：

$$mH_2SiO_3 + nH_2SiO_3 \longrightarrow (n+m)SiO_2 + (n+m)H_2O$$

当晶核形成后，继续加入活性硅酸，新加入的活性硅酸就会在晶核表面吸附，使晶核不断长大：

$$nSiO_2+H_2SiO_3 \longrightarrow (n+1)SiO_2+H_2O$$

硅溶解法生产工艺流程大致为：将硅粉和去离子水加入反应釜中，加热到一定温度，使硅粉活化，再加入碱性催化剂，加热控制反应温度，反应到一定时间后冷却。静置、过滤，得到硅溶胶产品，未反应完的硅粉可以回收利用（图3-12）。

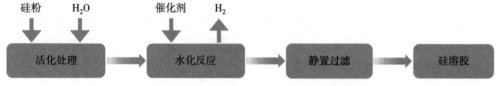

图3-12 单质硅一步溶解法生产硅溶胶工艺流程

该方法的优点是硅溶胶成品中杂质含量少，二氧化硅的胶粒粒形、粒径、黏度、pH值、密度、纯度均易控制，胶粒外形圆整均匀，结构致密，硅溶胶的稳定性较好。

（3）其他研究加工工艺

除了在硅溶胶实际生产中广泛应用的离子交换法和单质硅一步溶解法，还有几种目前处在实验室研究阶段的工艺方法，如电解电渗析法、酸中和法、胶溶法和分散法（表3-5）。

电解电渗析法是用酸中和硅酸钠水溶液，经陈化后，再通过半透膜渗析Na^+，在电场力的作用下，Na^+不断由阳极室迁移到阴极室，在阴极室生成NaOH，在阳极室一侧生成一定浓度的硅酸H_4SiO_4，当溶液中硅酸的浓度增加至超过其溶解度后就会发生聚合反应，胶粒粒径增长，生成硅溶胶（刘红梅和衣宝廉，1996）。

酸中和法是以稀水玻璃（$Na_2O \cdot XSiO_2$）作为起始原料，经离子交换除去钠离子、制备晶核、直接酸化反应和晶粒长大等步骤制得硅溶胶（唐永良，2003）。

胶溶法是先用酸中和水玻璃溶液形成凝胶，所得凝胶经过滤、水洗，然后加稀碱溶液，在加压、加热条件下解胶即得溶胶（陈连喜等，2007）。

分散法是利用机械搅拌将SiO_2粉末直接分散到水中来制备硅溶胶的一种物理方法。

表3-5 硅溶胶制备工艺比较（马纯超，2008）

制备工艺	原料	优点	存在问题	实际应用状况
离子交换法	水玻璃	技术成熟，已被广泛应用	产品含少量杂质，产生废水多，浓缩耗能多	广泛应用于企业生产
单质硅溶解法	硅粉	产品杂质少，质量易控制，稳定性较好，产生废水少	反应耗时长，硅粉转化率低	广泛应用于企业生产
电解电渗析法	水玻璃	操作条件可控，便于优化产品的质量	目前研究较少，高耗能，装置复杂，工程放大困难	目前仅在实验室中有研究

续表

制备工艺	原料	优点	存在问题	实际应用状况
酸中和法	水玻璃	—	产品杂质含量较高，稳定性较差	目前仅在实验室中有研究
胶溶法	水玻璃	—	产品粒径分布较宽，纯度较低	目前仅在实验室中有研究
分散法	二氧化硅粉末	浓度高、颗粒均匀、分散性好、黏度较小	能耗大	目前仅在实验室中有研究

3.2.4 纳米二氧化硅硅肥及其生产工艺

纳米二氧化硅因其巨大的比表面积、良好的生物兼容性、优良的稳定性和吸附性等特有的理化性质，有利于植物对其持续性吸收，并能有效控制肥料的释放速率，从而达到保肥长效的目的（孙德权 等，2019）。纳米二氧化硅的制备方法按工艺可分为干法和湿法两类。干法包括电弧法和气相法；湿法有沉淀法、超重力法、微乳液法、溶胶凝胶法等。干法制备的产品纯度较高，性能也较好，但生产成本较高，能耗较大；湿法所用原料价廉易得，生产流程简单，能耗低，但产品纯度不高。目前，工业生产上广泛应用的是气相法和沉淀法（杨长丕，2021）。

（1）气相法

气相法是指通过利用气体或将物质直接挥发成气体，使之在气态中实现物理、化学变化，在冷流控温过程中凝聚生长成纳米颗粒（张红军，2017）。

该反应原理是以硅烷卤化物（目前主要为 $SiCl_4$ 和 CH_3SiCl_3 两种）为原料，在氢氧焰中高温水解（$1200 \sim 1600℃$），生成颗粒极细的烟雾状 SiO_2，再使其凝结为絮状，在聚集器中集成较大颗粒，经分离器分离到脱酸炉中，脱酸处理，即得到纳米 SiO_2 颗粒。主要反应式如下：

$$2H_2+O_2 \longrightarrow 2H_2O$$
$$SiCl_4+2H_2O \longrightarrow SiO_2+4HCl$$
$$即\ 2H_2+O_2+SiCl_4 \longrightarrow SiO_2+4HCl$$

气相法生产工艺流程大致为：先将四氯化硅、超纯水气化，四氯化硅蒸气和水蒸气被载气带入水解反应器，反应形成含有二氧化硅原生粒子的气固混合物，然后通过收集器收集，并进行尾气处理，酸性气体溶于水形成盐酸副产物，剩余气体经碱液吸收后排入大气（图3–13）。

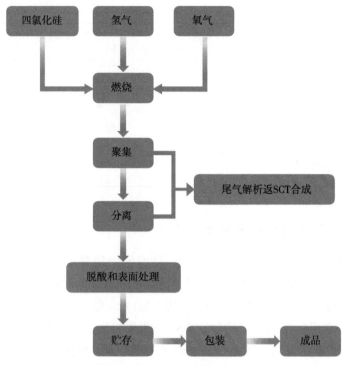

图 3-13 气相法制备纳米二氧化硅工艺流程（严大洲 等，2010）

四氯化硅和水蒸气在气相条件下发生反应，产品比表面积大于 $300m^2 \cdot g^{-1}$，聚集粒径 $0.1 \sim 0.5\mu m$；反应条件安全可控，可通过控制四氯化硅蒸气和水蒸气的比例、停留时间、反应温度等参数来控制产品性能，得到不同聚集粒径和比表面积的纳米二氧化硅产品。

气相法是通过实现四氯化硅和氢氧气体燃烧进而得到纳米二氧化硅，一次粒子为 $7 \sim 20nm$（宁延生，2002），获得的产品表面羟基少、纯度高、粒子细且呈球形、具备优异的补强性能，但气相法工艺制备纳米二氧化硅能耗高、原料昂贵、设备要求高、技术复杂。

（2）沉淀法

沉淀法是液相化学合成高纯度纳米级二氧化硅粒子采用的最广泛的方法。它是以水玻璃和盐酸或其他酸化剂为原料，适时加入表面活性剂到反应体系中，控制合适的合成温度，直至沉淀溶液的 pH 值为 8 左右加入稳定剂，将得到的沉淀用离心法分离洗涤，经一定且合适的温度干燥，最后在马弗炉中高温灼烧一定时间后得到白色轻质的粉末（图 3-14）（丁立国，2004）。主要反应式如下：

$$Na_2SiO_3 + 2H^+ \longrightarrow H_2SiO_3 + 2Na^+$$
$$H_2SiO_3 \longrightarrow SiO_2 + H_2O$$

在加入酸化剂的中和过程中，要避免粒子失去稳定性聚结为小颗粒生成硅酸凝胶，因此在该过程中需要添加适量的分散助剂、表面活性剂或改性剂以防止原始粒子过度聚集。醇类的活性基团（-OH）与硅酸根的硅氧四面体的顶氧基发生作用形成氢键，阻碍了四面体顶氧的硅氧联接，阻止了颗粒的团聚（李曦 等，2007）。因醇类具有低毒、对环境友好、便宜易得等优点多用作沉淀法生产纳米二氧化硅的稳定剂，如乙醇、正丁醇、聚乙二醇等。

图 3-14　沉淀法生产纳米 SiO_2 粉末工艺流程

沉淀法生产的纳米二氧化硅，成品颗粒均匀，原始粒子在 15～20nm（宁延生，2002）。该工艺生产成本低，过程容易控制，设备投资小，可大量生产，适于工业化。

王子忱等（1997）以水玻璃（模数为 3.3）和盐酸为原料，适时加入表面活性剂到反应体系中，合成温度为 50℃，直至沉淀溶液的 pH 值为 8 左右加入稳定剂，将得到的沉淀用离心法洗涤，经 80℃烘箱干燥，最后在马弗炉中 470℃灼烧 1h，得到白色轻质的 SiO_2 粉末。

郑水林等（1996）利用氢氧化钠对蛋白土或硅藻土进行溶解，用稀硫酸沉析纳米二氧化硅，沉淀物经陈化、过滤、洗涤、干燥后即得产品纳米二氧化硅，该方法在常压下进行，不需压力容器，反应时间较短，能耗较低，节约了生产成本。

3.3　小结

硅肥是近些年来兴起的新型肥料，随着对硅的深入研究，研究人员已逐步认识到硅元素对作物和农业的重要性，目前硅已在可持续农业中发挥着极其重要的作用，对于硅肥的研究也得到快速发展和突破。当前不同硅肥生产加工工艺对比分析如表 3-6 所示，总体而言，将高炉渣经研磨或在高温条件下煅烧以提高硅的有效性，使工业废渣资源化利用，降低了硅肥生产成本，但是其存在施用量较大、运输成本高、作物有效性低和重金属易超标等问题，限制了高炉渣硅肥在我国的大面积推广应用。以水溶性硅酸盐、单硅酸和纳米硅为主要形态的人工合成的硅肥因具有用量少、转化快，作物有效性高、作业成本低、安全有效的特点，非常适合利用现代农业装备进行施用，人工合成的高效硅肥得以快速推广和发展。如何进一步拓展硅肥的生产原料，降低生产成本，优化生产工艺，减少生产过程中有害物质的排放，提高硅肥利用率等，仍然是硅肥未来生产研究的热点。

表 3-6 不同硅肥生产工艺对比分析

产品	制备工艺	原料	活化助剂	活化方式/原理	活化效果	优点	缺点
枸溶性硅肥	机械活化	高炉渣等工业废弃物、矿石等	不加/生石灰等助磨剂	机械研磨：颗粒细化，晶体被破坏，表面形成易溶于水的非静态结构	增大颗粒比表面积，提高高炉渣活性	工艺简单，能耗较低，碱性肥料，适合酸性土壤应用	难以或无法引起的化学反应，活化效果有限
	化学活化		酸、碱、盐溶液或水蒸气	与活化剂混合反应或高温蒸养：Si-O键发生断裂，有效元素的浸出	相较于机械活化方法，水溶性含量显著提升	化学活化效果显著	需要多次研磨，耗时长，能耗高
	热化学活化		碳酸盐、硫酸盐或植物有益元素的物质	高温煅烧：与化活剂在高温下发生固相转变，使晶体硅活化成为可溶的无定形 SiO_2	生成枸溶性硅肥，有效硅（以 SiO_2 计）含量 ≥20%，符合国家标准	熔融炉渣的热量可循环利用，调整炉渣矿物组成，调整有机硅含量	有效成分因参数选择差异波动
硅酸钠/钾	干法	石英砂、碳酸钠/钾	—	高温熔炼：石英砂和碳酸钠/钾在高温下生成熔融硅酸钠/钾	生成水溶性肥料硅酸钠/钾	可根据需要生产不同模数的产品，对原料的适应性较广	投资较大，设备需求多
	湿法	石英砂、液体氢氧化钠/钾	—	高压蒸汽溶解：石英砂和氢氧化钠/钾溶解反应生成液体硅酸钠/钾	生成液体硅酸钠/钾	反应速度较慢，而且难以生产高模数的硅酸钠/钾	基建投资低，能耗低，几乎无污染
偏硅酸钠	水溶液结晶法	水玻璃、氢氧化钠	—	水玻璃与氧化钠反应，经分段冷却，结晶出五水偏硅酸钠	生成水溶性偏硅酸钠	生产过程间歇无须反复加热冷却结晶时间短，节约能耗	粒度太细，有太多产品夹杂在母液中不能及时分离，影响产品质量
	结晶粉碎法	水玻璃、氢氧化钠	—	通过计算制出比较准确的五水偏硅酸钠熔体，经粉碎研磨得到粉剂产品	生成水溶性偏硅酸钠	生产过程稳定，操作简单可行，投资较低	晶体较硬，需经多次研磨，产品色泽、外观和溶解性稍差，颗粒不规则
	造粒法		—	将五水偏硅酸钠熔体被喷淋在五水偏硅酸钠细小晶体上，冷却结晶造粒		工艺流程短，产率高，且产品外观呈球状颗粒，均匀规则，流动性好	能耗大，设备复杂，且对原材料品质要求高，技术难度大

续表

产品	制备工艺	原料	活化助剂	活化方式/原理	活化效果	优点	缺点
胶体二氧化硅	离子交换法	水玻璃		离子交换去除水玻璃中的Na⁺生成聚硅酸溶液，通过制备晶种、粒子增长等反应制备出硅溶胶	5～100nm 稳定胶体溶液	可根据不同的工艺组合合成不同性能的硅溶胶	蒸发浓缩时间长，能耗大，且进行离子交换树脂时产生大量废水
	单质硅一步溶解法	单质硅	无机或有机碱性物质	单质硅在碱性物质催化下与纯水反应制备硅溶胶	—	成品杂质少，二氧化硅产品指标易控制，胶粒外形圆整均匀，结构致密，硅溶胶的稳定性较好	—
纳米二氧化硅	气相法	硅烷卤化物	氢气、氧气	硅烷卤化物在氢氧焰中高温水解，生成颗粒极细的烟雾状 SiO₂	原始粒子为 7～20nm	表面羟基少，纯度高，粒子细且呈球形，具备优异的补强性能	能耗高，原料昂贵，设备要求高，技术复杂
	沉淀法	水玻璃	盐酸或其他酸化剂	水玻璃和酸化剂反应，SiO₂经沉降、煅烧后制得	原始粒子为 15～20nm	生产成本低，过程容易控制，设备投资小	—

（本章主著：夏婕）

参考文献

陈甘棠，蒋新，2003. 沉淀法白炭黑生产中硅胶粒子演变规律及新工艺开发［C］// 第十二届全国无机硅化合物技术与信息交流大会论文汇编.

陈连喜，田华，叶春生，等，2007. 硅溶胶制备与应用研究进展［J］. 山西化工（4）：9-12.

程芳琴，柳丹丹，崔静磊，等，2019-02-15. 一种利用粉煤灰制备高模数水玻璃的方法［P］. CN109336123A.

丁立国，2004. 纳米二氧化硅的制备与应用研究［D］. 哈尔滨：哈尔滨工程大学.

范立瑛，王志，2010. 高岭土对脱硫石膏-钢渣复合材料性能的影响［J］. 硅酸盐通报，29（4）：784-788.

金燕燕，1991. 黄磷渣综合利用制硅钙肥［J］. 化工环保（2）：120-122.

李光辉，姜涛，范晓慧，等，2004. 伊利石中硅的热化学活化与脱除［J］. 金属矿山，（7）：18-21.

李荣田，1999-09-22. 一种复混肥及其制备方法［P］. CN1229070.

李曦，刘连利，王莉丽，2007. 沉淀-超声法制备纳米二氧化硅［J］. 化学世界（12）：705-708.

刘红梅，衣宝廉，1996. 电解电渗析法制备硅溶胶［J］. 化工学报（3）：340-345.

刘思彤，郭客，胡建，等，2022-12-20. 一种利用铁尾矿制备高模数水玻璃的方法［P］. CN112408407B.

刘洋，张春霞，2019. 钢铁渣制备硅肥过程中硅的活化技术评述［J］. 矿产保护与利用，39（1）：144-149.

马纯超，2008. 硅溶胶的制备新工艺研究［D］. 南昌：南昌大学.

宁延生，马慧斌，王惠玲，等，2002. 沉淀法白炭黑与纳米级二氧化硅［J］. 无机盐工业（1）：18-20.

邵建华，2002-12-25. 综合利用废弃资源联产超细氧化铁和中微量元素复合肥［P］. CN1386709.

宋春华，1983. 利用粉煤灰生产化学肥料：硅酸钾［J］. 国外环境科学技术（5）：70-72.

孙德权，陆新华，胡玉林，等，2019. 纳米硅材料对植物生长发育影响的研究进展［J］. 热带作物学报，40（11）：2300-2311.

孙颜刚，柏勉，2017. 浅谈工业硅酸钠行业现状［J］. 建材世界，38（5）：41-44.

唐锦近，2009. 磷肥副产硅胶制备五水偏硅酸钠技术研究［D］. 昆明：昆明理工大学.

唐永良，2003. 硅溶胶制备方法评述［C］// 第十二届全国无机硅化合物技术与信息交流大会论文汇编.

田华,2008.硅溶胶的制备及其铝改性的研究[D].武汉:武汉理工大学.

王敬伟,纪发达,2021a.高模数液体硅酸钠的生产方法及现状[J].化工管理(28):92-93.

王敬伟,纪发达,2021b.硅肥制备工艺及发展现状[J].中国高新科技(18):109-110.

王敬伟,纪发达,2021c.五水偏硅酸钠生产工艺的研究[J].化工管理(22):154-155.

王岐山,马同生,黄胜海,等,2002-01-09.多效硅肥及生产工艺[P].CN1077559C.

王生全,谢宵斐,侯晨涛,等,2009.煤矸石制作硅肥技术试验研究[J].煤田地质与勘探,37(6):43-46.

王子忱,王莉玮,赵敬哲,等,1997.沉淀法合成高比表面积超细SiO_2[J].无机材料学报(3):391-396.

吴兴科,1986.硅酸钠、硅酸钾的生产工艺及应用[J].精细化工(4):37-38.

武艳菊,2005.粉煤灰硅肥料的制备与效用研究[D].青岛:山东科技大学.

许远辉,陆文雄,王秀娟,等,2004.钢渣活性激发的研究现状与发展[J].上海大学学报(自然科学版)(1):91-95.

薛向欣,张悦,杨合,等,2008-02-20.用含钛高炉渣制备固态钛钙硫镁铁氮硅复合肥料的方法[P].CN101125772.

薛向欣,张悦,杨合,等,2009-05-13.用含钛高炉渣制钾氮硫镁钛铁硅叶面肥和钙硫硅肥的方法[P].CN101429068.

鄢继伟,齐晓磊,黄琦,2016.水稻施用硅肥的效果研究进展[J].农技服务,33(5):98-99.

严大洲,汤传斌,谢正和,2010.气相法白炭黑生产技术的研究[J].有色冶金节能,26(6):33-35.

杨长丕,赵利启,程米亮,等,2021.沉淀法制备纳米二氧化硅的工艺条件优化[J].化工设计通讯,47(7):69-81.

尹海英,舒明勇,2014.硅藻土制备硅酸钠模数的研究[J].广州化工,42(21):85-87.

曾益坤,1997.利用稻壳灰制取硅酸钾技术简介[J].四川粮油科技(3):4-5.

张红军,2017.四氯化硅水解制纳米二氧化硅粉体工艺分析[J].化工管理(3):55.

赵强,李宏伟,张世刚,等,2015.水玻璃行业现状[J].广东化工,42(10):91-92.

郑典模,陈创,屈海宁,2014.离子交换法制备硅溶胶工艺的优化[J].硅酸盐通报,33(11):2863-2867.

郑水林，李杨，董文，等，1996. 蛋白土和硅藻土制取水玻璃和白炭黑的工艺研究［J］. 有色金属矿产与勘查（3）：184-188.

邹文思，2023. 硅肥研究进展和我国硅肥需求及生产现状［J］. 农业与技术，43（15）：97-100.

HIDEMI T, TAKAHARU M, OSAMU I, 2000-09-26. High silica fertilizer[P]. JP2000264768.

LIEBIG J, 1843. Chemistry in its application to agriculture and physiology[J]. Agricultural and Food Sciences: 51699425.

LIPMAN C B, 1938. Importance of silicon, aluminum, and chlorine for higher plants[J]. Soil Science, 45(3): 189-198.

MA J F, TAKAHASHI E, 2002. Soil, fertilizer, and plant silicon research in Japan[M]. Amsterdam: Elsevier.

MAXWELL W, 1898. Lavas and soils of the Hawaiian islands[M]. Honolulu: Hawaiian Sugar Planters'Association: 189.

RAVEN J A, 2001. Silicon transport at the cell and tissue level[M]. Amsterdam: Elsevier.

Rothamsted Research, 2006. Classical and other long-term experiments, datasets and sample archive[R]. Lawes Agricultural Trust Co Ltd: 31-34.

SOMMER A L, 1924. Studies concerning the essential nature of aluminum and silicon for plant growth[M]. California: University of California Press.

TAKAHIRO H, KISO Y, TSUTOMU S, et al., 2008-10-16. Method of producing iron-and-steel slag fertilizer[P]. JP2008247665.

ZIPPICOTTE J, 1881-3-1. Fertilizer. U.S.[P]. No. 238240: 19, 9, and 496.

第四章
硅在抵抗逆境气候方面的应用

随着全球人口数量的不断增加，预计到2050年人类对于口粮的需求将增长100%～110%（IPCC，2021）。全球气候变化是21世纪人类面临较为严重的环境问题之一，其主要表现为温度上升、降水格局改变以及极端气候事件增加等。在全球气候变化背景下，西伯利亚高压、阻塞高压和极涡等大气环流异常导致极端气候事件频发，引起农业气候带、种植制度、植物生育进程和产量等发生改变，增加了农业生产的不稳定性。如何解决气候变化、可用水资源减少、人口持续增长和粮食生产的矛盾是世界范围内关注的焦点问题。伴随着全球极端天气出现频率、强度及持续时间不断提高，全世界大部分地区的植物在生长过程中都不可避免地遭遇干旱、低温、渍水等逆境胁迫，其中干旱及低温逆境已成为影响植物生长发育和产量品质形成的重要农业气象灾害之一，如何应对逆境环境对农业生产带来的影响已成为全球科研人员关注的焦点。

4.1 逆境环境条件对植物的影响

植物由于自身的固有属性，其整个生命周期中都受到自然环境条件下各种非生物因素的影响（Hussain et al., 2019）。非生物胁迫是指会对植物生长发育造成严重影响的不利的生长环境，包括干旱、极端温度、光等（Sharma et al., 2020）。植物在遭受到非生物胁迫时，会从外部形态到分子水平发生一系列的变化，从而影响植株的生长发育。不同种类的植物适应非生物胁迫的能力不同，有些可以通过自身的调节适应不良的生长环境，有些则无法生存。揭示植物非生物胁迫响应机制，培育抗逆植物新品种，提高植物的抗逆性，将有助于减少非生物胁迫造成的损失，对农业生产有重要意义。

4.1.1 干旱胁迫对植物的影响

全球干旱和半干旱地区约占陆地面积的1/3，具有灌溉条件的耕地面积不足陆地面积的 4%，严重影响着农业的发展。我国面临的干旱问题更为严重，干旱和半干旱地区面积接近我国陆地面积的 1/2，远超全球平均值（吴金山 等，2017）。水分对植物的生长来说必不可少，而干旱是指土壤水分亏缺，是主要非生物胁迫因子之一（Zhang et al., 2018）。干旱胁迫不仅影响植物的生长发育、植物的产量，严重时还会造成植物的死亡，作为农业大国，干旱问题严重影响着我国的粮食安全。据统计，每年由干旱胁迫导致的植物减产超过其他自然灾害造成减产的总和，提高植物的抗旱性已成为农业生产亟待解决的问题。

（1）干旱胁迫对植物生长的影响

水分不仅是植物的重要组分，同时也是植物细胞内的重要溶剂和植物细胞分裂生长的重要物质基础，环境中的水分状况直接影响了植物的正常生长。导致植物水分亏缺的原因有很多，如降雨减少、高温或低温、强光、大风等，这些因素在某些条件下为土壤提供了足够的水分，但植物却无法吸收。干旱或水分胁迫的最全面的界定为无论水资源如何，在一定的时间内需要满足植物蒸腾速率的水分供应不足，导致造成对植物生长、代谢过程胁迫或高度不可预测的波动（Liang et al., 2007）。干旱胁迫通常会改变植物表型，如使植物的叶片、根系的形态和结构发生改变。同时，植物的生长速率降低，生长发育受到抑制。干旱胁迫下，植物最为常见的表现为植株变矮小，植物叶子作为扩展生长最为敏感的部分会首先表现出异常，其直观表现为：植物叶片生长速率降低、叶片皱缩畸形以减少植株整体水分的蒸散，老叶衰亡时间缩短并加速脱落（Zhan et al., 2015）。研究显示，干旱胁迫时间的长短对小麦的株高和叶面积有显著影响，在一定条件下，小麦株高和叶面积与干旱胁迫时长呈负相关，进而导致小麦产量、品质下降（Liu et al., 2022）；此外，干旱胁迫会抑制夏玉米叶片的生长速率，加速叶片的脱落，降低玉米叶面积（麻雪艳和周广胜，2018）。虽然营养生长期的水稻抗逆性较强，但干旱胁迫仍会使水稻株高、穗长等表型性状受到不同程度的抑制，干旱胁迫下水稻叶面积减少，叶片卷曲（Andrew et al., 2019）。根系是作物吸收水分和养分的重要器官，在感知水分亏缺信号并将其转导到地上部的过程中起着关键作用（王硕 等，2022）。相关研究表明，干旱影响作物根系的吸收功能、合成能力、还原能力以及生长发育情况。当作物发生严重水分亏缺时，根系生长受到抑制，根冠比降低。张馨月等（2019）的研究发现，重度干旱胁迫导致玉米根冠比降低 19.7%，根长和根表面积分别降低 58.2% 和 59.5%。此外，干旱胁迫降低了小麦的根长、根平均直径、总根表面积、根毛密度等，破坏了根毛结构，降低了根系活力，导致单株籽粒产量显著下降（张均 等，2019）。

（2）干旱胁迫对植物光合作用的影响

光合作用是植物有机物质合成的根本来源，植物通过光合作用与外界进行物质和能量的交换，受到外界胁迫时，光合作用最先发生变化。干旱胁迫导致植物体内水分亏缺，胁迫越重，水分利用效率越低，进而引起光合速率、蒸腾速率等一系列反应下降，干旱胁迫下光合作用的抑制被归因于气孔和非气孔的限制（Yordanov et al., 2000）。作物受到干旱胁迫时，植物叶片水势降低，叶片气孔关闭，从而影响叶片细胞的水分状况及 CO_2 的进入量，叶面积减小，光合色素改变，光合结构受到破坏，作物的光合作用受到抑制（施钦 等，2019）。植株轻度干旱胁迫下，主要是因为缺水使得气孔保卫细胞 ψp 降低，气孔开度降低或气孔部分关闭，阻碍 CO_2 吸收，导致光合速率下降；中度缺水引起胞间 CO_2 降低导致气孔关闭，植物光合作用受到限制；重度缺水情况下，主要是非气孔因素，叶绿体结构特别是光合膜系统受损，Rubisco 活性降低，羧化效率降低；光系统 PSⅡ失活或损伤，电子传递和光合磷酸化活力降低以及叶绿体的解体（Wang et al., 2022）。李芬等（2014）在对玉米花期研究中表明，随着干旱处理时间的延长，叶绿素 a、叶绿素 b 和总叶绿素含量均显著下降，光合作用降低，此研究结果在马铃薯、大豆等作物上也得到证实。Milad（2016）分析认为，小麦生育期发生干旱胁迫，加速了植物叶片的衰老进程，降低了叶片光合功能，导致光合速率下降，进而物质积累降低，最终严重降低了小麦产量。

（3）干旱胁迫对植物抗氧化特性的影响

在非逆境条件下，植物细胞活性氧（ROS）的产生和淬灭保持动态平衡，维持植物正常的生理生化代谢，当环境干旱胁迫长期作用于植株，产生的 ROS 超出其清除系统的能力时，就会引起 ROS 累积产生氧化伤害（Graham et al., 2014）。而在干旱胁迫下，植物叶片气孔关闭，植物碳同化过程受抑制，光合电子传递链被还原，多余的电子被传递给分子态氧，由此引起氧的原子排序异常或单价还原，导致细胞中的叶绿体、线粒体、过氧化物酶体、质外体等部位会产生大量的 ROS（Renu et al., 2007）。生物体内适量的 ROS 可以作为细胞内信号传导通路的第二信使，激活免疫细胞、使细胞增生和程序性死亡，但是 ROS 的大量积累会破坏光合成系统，引起蛋白质、脂类、核酸、碳水化合物中的不饱和脂肪酸发生过氧化反应，产生丙二醛（MDA），破坏生物膜结构，并且对蛋白质、DNA、RNA 等造成氧化伤害（Wilkinson et al., 2010）。研究发现，随着干旱胁迫时间的持续和强度的增强，植物体内超氧自由基和过氧化氢的含量呈上升趋势，过多的活性氧自由基会毒害植物，破坏植物的光合系统和细胞膜稳定性，从而使植物的生长受到抑制，因此，及时清除过度积累的 ROS，使其维持在低水平的平衡状态，是植物体保护自身免受 ROS 毒害的重要防御机制。植物清除 ROS 的抗氧化系统包括超氧化物歧化酶（SOD）、过氧化物酶（POD）、过氧化氢酶（CAT）、抗坏血酸过氧化物酶（APX）、谷胱甘肽过氧化物酶（GPX）、脱氢抗坏血酸还原酶（DHAR）、谷胱甘肽还原酶（GR）和谷胱甘肽转硫酶（GST）等，其中 SOD、POD 和 CAT 是植物体内清除活性氧的重要保护酶，其活性与植物的抗旱性呈正相关关系。柳燕兰等（2018）研究表明，随着干旱胁迫的加剧，玉米幼苗叶片的三种抗氧化酶活性都显著提高。对小麦的研究显示，干旱胁迫显著增加了小麦幼苗中超氧阴离子、过氧化氢和膜脂过氧化产物 MDA 的含量，为了清除干旱对小麦幼苗造成的氧化损伤，小麦幼苗 SOD 活性、CAT 活性和 POD

活性与对照组相比均有所增加（Li et al., 2022）。处于干旱胁迫逆境中的水稻植株，其 SOD、CAT 和各种过氧化物酶类活性会相应提高以保持体内活性氧积累与清除系统的平衡（Zu et al., 2017）。

（4）干旱胁迫对植物渗透调节的影响

在因干旱形成的水分胁迫下，为了防止细胞过度失水，植物体内可主动积累各种有机或无机物质来提高细胞液浓度，降低渗透势，提高细胞吸水或保水能力，从而适应水分胁迫环境的过程被称为渗透调节（Turner et al., 2001）。在长期的自然选择进化中，植物通过渗透调节来保持水分并抵抗干旱胁迫，保证植物细胞的正常生长发育。渗透调节的研究包括两个方面：以液泡为主的离子渗透调节和原生质中有机物质的渗透调节。在干旱胁迫下，矿质元素的吸收能力下降，因此，在渗透调节中起主要作用的是小分子有机物，植物通过脯氨酸、可溶性糖和可溶性蛋白等渗透调节物质的参与，使细胞在逆境条件下维持一定的膨压，以适应干旱胁迫。这些渗透物质在植物中的积累可能涉及一种或多种过程，例如渗透调节能保护膜的完整性以及蛋白质或酶的稳定性，从而提高植株的抗旱性（Blum et al., 2016）。

脯氨酸作为游离氨基酸中最主要的渗透调节物质，在调节胞内渗透压的同时还能够增加蛋白质的水合度，提高其可溶性，避免蛋白质大量沉淀，从而维持蛋白质结构的完整及功能的稳定性。因此，脯氨酸常常作为检测植物抗旱性的重要指标（郭华军 等，2010）。在植株受到干旱胁迫时，脯氨酸含量会随着体内渗透能力的增强而大量积累，是植物为了对抗干旱胁迫而采取的一种保护性措施。研究发现，轻度水分胁迫使苜蓿、玉米等组织积累较多的脯氨酸，脯氨酸亲水基与蛋白质亲水基相互作用使蛋白质稳定性提高，严重水分胁迫下苜蓿、玉米代谢酶和结构蛋白质会受积累的脯氨酸的保护，减轻严重干旱对组织的危害程度（王宝增 等，2020）。刘娥娥等（2000）在研究水稻幼苗脯氨酸变化中表明，干旱胁迫下水稻幼苗脯氨酸含量均升高，且抗性强的品种脯氨酸含量升高幅度小于抗性弱的品种，相关研究结论在花生、烤烟等植物中也得到了相应的证实（张智猛 等，2013；赵莉 等，2019）。干旱胁迫会影响有机物的形成、转化和运输，使营养器官内积累较多的可溶性糖。作为渗透调节物质的可溶性糖主要有蔗糖、葡萄糖、果糖、半乳糖等。研究表明，小麦在土壤干旱胁迫下，可溶性糖增加，参与降低小麦体内渗透势以利其在干旱逆境下维持正常生长所需水分，以提高抗逆适应性（刘义国 等，2022）。可溶性糖含量增加也可导致其他生理代谢的响应，如原生质黏度增大，弹性增强，细胞液浓度增大。这就提高了作物对水分的吸收能力及保水能力，从而有利于适应缺水的环境，提高原生质胶体束缚水含量，使水解类酶如蛋白酶和脂酶等保持稳定，从而保持原生质体结构（杨娟 等，2021）。可溶性蛋白质是另一种重要的渗透调节物质，它可以提高细胞的保水能力，对玉米的研究表明，抗旱性强的玉米品种在干旱胁迫后期，可溶性蛋白含量显著增加，以保证细胞内较低的渗透势，抵抗干旱胁迫带来的伤害（王宝增 等，2020）。干旱胁迫会使小麦幼苗积累大量的可溶性蛋白渗透调节物质，增大细胞原生质浓度，引起抗脱水作用，从而增强其叶片细胞的渗透调节能力，改善水分状况，提高其耐旱能力（袁丽环 等，2020）。

4.1.2 低温胁迫对植物的影响

温度是影响植物生长发育最重要的环境因素之一，全球极端天气出现的频率、强度不断提高，持续时间不断延长，全世界大部分地区的植物在生长过程中都不可避免地遭遇低温逆境，造成植物产量及质量降低。我国地域广阔，纬度跨度大，低温冷害在我国分布范围较广，时间分布上春夏秋冬均有出现。据华北地区 30 年气象数据统计，出现倒春寒的概率在 57% 左右。温度是影响植物生长发育最重要的环境因素之一，当温度低于植物适宜生长的范围时，植物会通过自身调节抵御低温胁迫，同时低温也会对植物造成不同程度的伤害，使其生长发育受限，严重时还会造成植物的死亡。有资料显示，2018 年我国因低温冷冻和雪灾导致的植物受灾面积为 341.26 万 hm^2，植物绝收面积为 45.61 万 hm^2（郭佳强 等，2023）。低温胁迫作为一种主要的非生物胁迫，对植物影响巨大，是影响全球农林植物生长及生产的主要因素之一；对相关农作物进行耐低温能力研究，对于粮食生产及社会的可持续发展具有重要意义。

（1）低温胁迫对植物表型及生长的影响

植物在低温胁迫下最直观的变化就是植株的形态发生改变，包括植株的表型和生长状况。根系是植物吸收养分的主要器官，也是土壤中养分进入植物体内的必经之路，根毛肌动蛋白丝、分生组织细胞、伸长区细胞和表皮细胞对低温十分敏感（Plohovska et al., 2016）。相关研究表明，受到低温胁迫的甘蔗根长和根体积显著降低，持续的低温胁迫会使根尖细胞生长受到抑制呈现散状分布结构，受损的根系结构直接导致根系活力下降（Sun et al., 2017）。在低温胁迫下，水稻的呼吸作用和代谢活性明显降低，造成根系养分元素的吸收能力减弱，同时也影响养分在植株体内的转化和代谢（张兴梅 等，2013）。除了养分，低温胁迫会抑制根系对水分的吸收，降低植物的水力传导率，进而影响植物的水分状况，造成植物生长受到抑制（Sack et al., 2004）。在开花植物中，低温胁迫通过延迟或抑制绒毡层程序性细胞死亡来干扰绒毡层发育，或是影响减数分裂过程中的重组和配子形成，导致大多数雄性植株的不育，从而导致结实率降低，最终产量降低（Kiran et al., 2019）。低温处理后，植株会出现生长迟缓、萎蔫皱缩、叶片黄化、变褐、叶柄软化等表型变化（Li et al., 2021）。近年来，多项研究表明低温胁迫会降低植物的生长速率，造成作物产量及质量降低。

（2）低温胁迫对植物光合作用的影响

低温胁迫下，植物叶片过剩激发能过高，光合系统受损，光合电子传递受阻，光系统Ⅱ（PSⅡ）激发压增大，在有氧情况下形成单线态氧，造成光合作用反应中心的可逆失活和光能吸收的减少，进而诱导热耗散途径增强，光合能力下降（Hu et al., 2016）。米文博等（2021）研究表明甘蓝型冬油菜叶片受到低温胁迫时，气孔开始闭合，CO_2 滞留在气孔腔中，无法与外界进行交换，低温胁迫下净光合速率、蒸腾速率和气孔导度均显著下降，从而影响光合作用的进行。而对番茄、辣椒的研究表明，低温胁迫不仅对光合特性有抑制作用，同时造成初始荧光、光系统原初光能转化效率和有效光量子产量下降，光系统Ⅱ损伤加剧及激发能分配系数升高，光化学效率降低、过剩光能增加，总电子流及流向各交替电子流库的电子流减少（Bawa et al., 2020）。综上，低温胁迫对植物光合作用的影响主要为：①低温直接影响了光合器官叶绿体的结构和功能，进而影响了光合色素叶绿素的合成；②低温通过影响其他因素间接影响光合作用，如水分传导、离子吸收等，导致光合产物运输受阻，滞留于叶片中。低温胁迫使植物的光合作用受到限制，最终导致植物生长发育缓慢，植株矮化，叶片萎蔫，根系生长受损，作物结实率低，产量下降。

（3）低温胁迫对植物细胞膜及抗氧化特性的影响

细胞膜系统是植物感受和抵御外界不良环境的重要防线。在遭受低温环境时细胞膜质由液晶相转变成凝胶相，达到低温伤害阈值时，破坏膜的完整性，增加细胞膜透性，导致细胞质溶液向外渗漏，导致部分与膜结合的酶失活，从而引起代谢失调。植物在低温下细胞膜的选择性降低，细胞电解质的泄漏率增加，膜相对透性增大，而细胞电解质的大量泄漏通常被认为是膜伤害或变性的重要标志。细胞受到的损伤越重，电解质渗透率越高，膜透性也越大（Kazemi et al., 2018）。植物在遭遇低温胁迫时，细胞膜的膜脂组分，膜物相及膜结构都会发生一系列变化，以此来适应低温伤害。有关研究认为，膜脂组分中的不饱和脂肪酸的积累与植物抗寒性强弱有关，膜脂的不饱和程度越高，对低温的耐受能力也就越强。脂肪酸不饱和度高的植物抗寒性强于脂肪酸不饱和度低的植物，对同一植物而言，脂肪酸代谢主要调节合成不饱和脂肪酸的植株抗寒性强，而主要调节合成饱和脂肪酸的植株抗寒性弱（Murelli et al., 1995）。

同遭受干旱胁迫等逆境环境一样，在低温胁迫条件下，植物体内产生过量的ROS，导致蛋白质变性、脂质过氧化以及核苷酸降解，造成细胞损伤，对许多生物功能分子具有破坏作用，影响植物正常的生理代谢。MDA是膜脂过氧化作用的最终产物，反映出细胞膜受氧化损伤的程度。过高的MDA含量导致植物蛋白质和核酸变性，进而加剧细胞膜的结构损伤并阻碍植物生理进程（Bawa et al., 2020）。相关研究表明，如果植物遭到低温胁迫的时间被加长，MDA的含量则逐步增大；但是，当胁迫时间到达一定界限后，MDA的含量会出现下降的趋势。同抵御干旱胁迫一样，植株抗氧化酶协调一致，保持ROS处于正常水平，防止细胞膜结构被自由基破坏，维持膜结构完整性，增强植株对低温胁迫的抗性。非酶系统包括各种抗氧化剂，其中抗坏血酸和还原型谷胱甘肽最常见（Bonnecarrere et al.，2011）。对小麦低温胁迫研究表明，其POD基因在低温处理6h快速响应，SOD基因表达量在低温处理24h达到顶峰，表明多个抗氧化基因参与ROS的清除，这些基因在冷应激条件下发挥独特的作用，在植体内形成复杂的抗氧化防御系统（葛君 等，2021）。通过对苹果、柑橘等的抗寒性研究发现，在低温条件下，SOD、POD活性均表现为先升高后降低的趋势，在达到峰值之前细胞自身保护能力增强，超过峰值则保护能力变弱（王泽华 等，2018；石雪晖 等，1996）。抗氧化酶和非酶系统可降低细胞内脂类物质的过氧化反应、提高植物低温下光合作用速率，从而提高植物对低温的耐受性（Li et al.，2019）。

（4）低温胁迫对植物渗透调节的影响

低温胁迫下，植物依靠调节渗透压的物质浓度降低胁迫带来的损害，防止细胞脱水过度，起到降低冰点的作用，最终降低对细胞的伤害，从而提升植株低温抗性（Li et al.，2013）。植物在低温条件下，游离脯氨酸的大量积累被认为是对低温胁迫的适应性反应。脯氨酸具有溶解度高，在细胞内积累无毒性，水溶液水势较高等特点，因此，脯氨酸可作为植物抗冷保护物质。脯氨酸的这种提高植株耐受胁迫的功能，可能是通过保护植物中线粒体电子传递链，诱导保护蛋白、泛素、抗氧化酶和脱水素等保护物质的含量增加，启动相应的抗胁迫代谢途径而实现的（Khedr et al.，2003）。可溶性糖和可溶性蛋白也是植物体内重要的渗透调节物质。低温环境下植物体内可溶性糖与可溶性蛋白的含量一般与植物的低温抗性呈正相关（Alvarez et al.，2022）。甜菜碱含量也可以用来衡量植物抗寒性，其不仅可以促进种子萌发，提高植物低温抗性，还可以维持脂肪和蛋白质结构的相对稳定，使植株抗氧化能力得到提升（Wang et al.，2021）。有试验证实，低温驯化3d时，茄子脯氨酸含量显著提高，低温驯化5d时，脯氨酸含量和可溶性蛋白均显著提高（董爱玲 等，2017）。低温胁迫下，辣椒、黄瓜叶片的可溶性蛋白和脯氨酸含量显著升高，通过提高渗透调节物质含量，稳定水分生理，提高耐寒性（刘希元 等，2020；黄斌 等，2022）。此外，在低温条件下，可溶性糖含量越高，其相应冰点越低，故抗冻力越强（孙清鹏 等，2002）。受到低温胁迫时，植物体内渗透调节物质发生多方面的生理生化变化来抵御低温对自身的损害。

4.2 逆境条件下硅对植物的调控效应与影响

生长在自然环境中的植物，由于其不像动物有可移动性，所以，在其生活史中必然要受到许多不同外界胁迫，干旱和低温作为两种最常见的逆境严重地影响着作物的生长、发育、生殖等，进而影响到作物的产量。由于水分和温度是自然条件所致，在这些自然条件不能改善的前提下，农产品安全问题越来越受到关注，采取安全、高效、绿色的方式来防控各种逆境胁迫，提高作物产量和品质成为亟待解决的问题。

随着科技的进步以及对生态资源的关注，硅对逆境胁迫下植物具有特殊调节功能的研究也不断加深，大量研究认为，硅在调控植物抵抗干旱和低温胁迫的机理如图4-1（文后彩图1）所示，主要表现在：①硅在植物根部的沉积，增强根系活力，平衡植物对水分和矿物养分元素的吸收和运转；②沉积在细胞表皮的硅能够调节叶片渗透压，缓解叶片脂肪酸过氧化，提升不饱和度，使生物膜功能充分发挥，建立植物生长屏障；③植物地上组织中的硅累积，有利于增强叶片细胞直立性，缩小茎叶夹角，在叶面及叶鞘表皮细胞上形成角质–双硅层，影响叶片气孔开闭，调节光合与呼吸系统从而抑制水分蒸腾；④植物硅吸收增加，能够影响抗氧化基因表达和抗氧化酶活性，降低低温及干旱胁迫对植物造成的氧化损伤；⑤植物硅积累，有利于调节细胞质膜的通透性和稳定性，改善逆境环境下植物渗透调节能力。

4.2.1　干旱胁迫下硅肥对植物的调控效应及影响

（1）硅肥对植物干旱胁迫的调控机制

干旱环境通常导致植物含水量降低、气孔关闭、生长受抑制、光合作用减弱、生理代谢紊乱等，严重时造成植物死亡。诸多研究证实，硅能显著提高干旱胁迫下多种植物的抗旱性，而外源硅调控植物对干旱胁迫的耐受性机制主要有以下几方面。

①参与植物干旱胁迫下的硅化作用，调节植物光合及水分传输。硅可以改变植物形态结构，形成机械屏障，增强植物抗逆性，显著缓解胁迫对植物生长的影响（Yin et al., 2014）。土壤溶液中的硅通过地下蒸腾流以单硅酸的形式输送到根际，再运输到地上部分，其中大部分硅酸沉积在植物根和木质部导管的细胞壁中，通过加强植物根和茎秆地上部的植物组织的机械强度和直立性，使植物具有更好的受光姿态和更大的受光面，从而提高植物的光合利用性能（Hussain et al., 2021）；另一部分植物吸收的硅可以在叶片中形成"双硅角质层"，一层位于细胞壁和角质层的中间，另一层与细胞壁中的纤维素结合，抑制蒸腾，减少气孔开合，从而降低水分蒸发，提高光合作用效率及水分利用率（Li et al., 2018）。此外，干旱胁迫通常会破坏叶片结构，而硅会增大叶细胞中的叶绿体、增加基粒含量，提高植物光合效率，促进有机物积累；外源硅会缓解叶片脂肪酸过氧化、提升不饱和度，可以沉积在细胞壁周围从而抑制膜系统的退化，使生物膜功能充分发挥，维持栅栏组织中叶绿体的形态，提高植物对水分的吸收利用，减轻因强光失水过多而造成的萎蔫，植物生长得以保障。

②调节干旱胁迫下植物抗氧化系统，调控植物渗透调节代谢活动。干旱胁迫

下，硅处理后的植株氧化应激性降低，因此推测施硅可以提高植物在干旱胁迫下的抗氧化防御能力。相关研究表明，硅通过增强超氧化物歧化酶、过氧化氢酶和谷胱甘肽还原酶的活性，降低酸性磷脂酶活性，降低过氧化氢酶含量和蛋白质的氧化损伤，减轻干旱造成的不利影响，增强植物自身抗旱性（Shen et al., 2010）。此外，干旱胁迫下外源硅输入可增加植物膜系统的稳定性，减少体内丙二醛的积累，削弱体内膜脂过氧化作用，使渗透代谢物维持在一定水平，从而增加植物的渗透驱动力。加硅处理可通过调节细胞的渗透势来影响水分的转移并促进根对水分的吸收，干旱胁迫下加硅可提高植物体内脯氨酸、可溶性糖、可溶性蛋白等的含量，提高植物的自我调节能力，增强抗旱性（Luyckx et al., 2017）。因此，硅能通过增强渗透保护剂以及干旱胁迫下酶促和非酶促防御系统组分的活性，减少干旱对植株的氧化应激以及植株电解质的膜渗漏和膜脂过氧化，进而减轻干旱胁迫对植株的伤害。

③改善干旱胁迫下的植物根系发育，增强植物对矿物质营养素的吸收和同化。干旱胁迫限制了根系对养分的吸收并限制了随后向茎的转运，从而降低了养分的利用率和代谢，植物根系是植物固定和吸收土壤中水分和矿质养分的重要器官，其生长发育状况决定着植物吸收利用及传输水分和营养物质的能力（Rizwan et al., 2015）。当植物遭遇干旱胁迫时，根系会最先感知并作出相应改变。已有研究证实硅可以增加根系表面积、根系体积、根系直径、根尖数和分枝数，促进植物根系生长，改善根系发育，尤其是诱导了细根的分化，提高其根系的活力，增加其抗旱性，从而促进植物对水分和养分的吸收，促进生物量的累积，维持植物正常的生长发育（Wang et al., 2021）。此外，在干旱胁迫植物中，硅对植物体内矿物质的吸收、转运和分布具有重要的平衡作用。有研究表明，硅处理促进了干旱胁迫下植物体内对镁、氮、钾、磷、钙等营养物质的吸收，其原因是硅介导的质膜通透性下降和硅诱导的质膜活性增加。因此硅处理可以通过影响植物对某些营养元素的吸收、转运和分配来缓解植物的干旱胁迫（Detmann et al., 2012）。

（2）硅肥抵抗植物干旱胁迫的应用

提高植物的抗旱性已成为农业生产亟待解决的问题，外源物质是缓解植物干旱胁迫的有效途径之一，硅是植物抗旱逆境响应中的重要营养元素，研究发现，外源硅的施用对水稻、玉米、小麦、花生、大豆、烟草等作物都具有抵抗干旱胁迫的效应。在干旱胁迫条件下，当前各项研究表明，硅肥施用对作物产量有显著提升作用。既有研究大部分通过土壤干旱条件下，采用硅酸钙、硅酸钾、硅酸钠、纳米二氧化硅、单硅酸等作为外源添加硅开展试验。对已有文献进行统计（图4-2），硅肥对所有作物产量/生物量的提升效果平均值为117.7%（$n=68$），对粮食作物为158.1%（$n=42$），对经济作物为52.4%（$n=26$）。

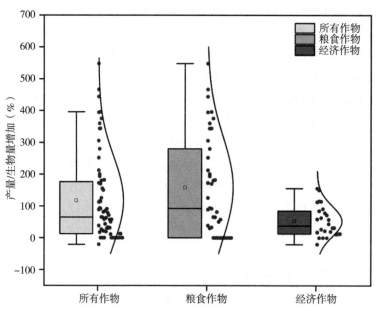

图 4-2　硅肥在干旱胁迫下对作物生物量或产量的影响

（当硅肥处理与对照产量或生物量之间显著差异性不明显时，表示为 0%；根据以下文献进行整理：Ahmad et al., 2020; Ahmed and Khurshid, 2011; Alam et al., 2021; Alkahtani et al., 2021; Alsaeedi et al., 2019; Amin et al., 2018; Anitha et al., 2019; Avila et al., 2020; Avila et al., 2021; Crusciol et al., 2009; Klotzbucher et al., 2018; Ma et al., 2004; Othmani et al. 2021; Pei et al., 2010; Sattar et al., 2019）

在改善植物水分运输方面，Maghsoudi 等（2016）研究表明在干旱条件下，与对照相比，施硅小麦植株的叶片光合速率、蒸腾速率和气孔导度均显著提高，外源硅的应用降低了小麦植株气孔的限制从而有利于提高小麦植株的抗旱性。此外，在盆栽实验中，硅肥的施入提高了小麦叶片叶绿素含量、相对含水量和叶面积，从而提高了植株光合作用，叶片硅肥的应用有效缓解了水分胁迫对小麦的不利影响（Guendouz et al., 2012; Sattar et al., 2019）。Ahmed 等（2011）对高粱的研究表明，硅吸收增加了高粱叶片生长，由于硅在叶片中积累，稳定了干旱胁迫下叶片水势的降低并维持了作物的最佳生长状态，从而对干旱胁迫作用下的高粱产量有改善作用。Amin 等（2018）研究表明，硅通过提高干旱胁迫下玉米叶片的相对含水量，叶面积及叶片厚度，降低蒸腾速率和木质部导管的水流量，增加叶片水势，从而提高其水分利用效率，促进干旱胁迫下玉米的生长，提高其抗旱性。Hoseinian 等（2020）研究表明，硅肥施用可以有效促进干旱胁迫下水稻幼苗的生长，提高水稻的光能转化率和光合速率，增强水稻的抗旱能力，从而缓解干旱胁迫对水稻的损伤。Moraes 等（2020）研究发现，施硅提高了番茄幼苗叶绿素指数，增加了植株光合速率和叶片含水量，同时降低了水分亏缺条件下的蒸腾速率和膜透性，增强番茄的抗旱能力。

在调节植物抗氧化系统和渗透能力方面，Ahmad 等（2020）观察结果表明，干旱胁迫水平的增加降低了小麦的形态和生理生化活性；而分蘖期叶片硅肥施用通过增加小麦植株的抗氧化活性，降低膜脂过氧化程度来增强小麦的耐旱性。Biju 等（2017）研究认为，硅的应用提高了小扁豆幼苗抗氧化剂、水解酶活性，并增加了渗透液（脯氨酸、甘氨酸甜菜碱和可溶性糖）的含量，从而增强了植株抵御干旱胁迫的能力。Desoky 等（2021）研究发现，硅能通过增强渗透保护剂以及干旱胁迫下酶促和非酶促防御系统组分的活性，减少干旱对植株的氧化应激以及植株电解质的膜渗漏和膜脂过氧化，进而减轻干旱胁迫对蚕豆的伤害。Avila 等（2021）研究认为，硅肥增加了高粱叶片抗氧化酶的活性，并增加了非酶的抗氧化剂，如抗坏血酸和渗透调节物质，包括脯氨酸、可溶性和还原糖，以及蔗糖等的含量，从而降低干旱对细胞膜的损伤（脂质过氧化作用较低）来缓解高粱对水分亏缺的反应，从而产生了更高的生物量和收获指数。Cang 等（2004）对黄瓜的研究表明，硅降低了干旱胁迫下黄瓜植株叶绿素的分解，限制了叶片质膜通透性和 MDA 含量的增加，减轻了 POD 对干旱胁迫的生理反应，维持了 SOD 的正常适应，增加了 CAT 的活性，在严重干旱胁迫下，这些生理生化反应与硅供应量呈正相关，从而显著增强黄瓜植株的抗旱性。对甜菜的研究表明，与非硅处理相比，添加硅提高了水分胁迫下芽幼苗胚根中 SOD 和 CAT 的活性，降低了超氧阴离子和过氧化氢的含量，硅的加入降低了基根中的总酚浓度，外源硅可以通过增强抗氧化防御能力，促进番茄种子萌发，缓解甜菜的氧化应激，提高甜菜的抗旱性（Alkahtani et al., 2021）。

在促进养分吸收方面，据报道，添加硅可提高干旱胁迫玉米叶片中的 Ca^{2+} 和 K^+ 水平。在水分胁迫的小麦中，Ahmad 等（2016）研究发现，在干旱胁迫条件下，小麦施硅显著提高了地上部和籽粒中 K^+ 和 Ca^{2+} 浓度，保持了缺水植物的水势；此外，干旱使得水稻植物叶片的无机离子含量增多，施加硅后可降低叶片中 Na^+、K^+、Ca^{2+} 等无机离子含量，平衡植株的矿物质运输，促进水稻植株对氮磷钾养分吸收，进而提高其抗旱胁迫能力（Ullah et al., 2018）。钙水平已被认为与渗透胁迫反应基因的表达密切相关，并且钾在胁迫条件下植物的渗透调节中起着重要作用。因此，在干旱胁迫下增加对钙离子和钾离子的吸收可能有助于增强胁迫耐受性，这种增加归因于添加硅后细胞质膜渗透性的降低和质膜 H^+-ATP 活性的增加。由于营养物质大部分是从根部吸收的，因此根表面积和长度的增加可以为吸收可扩散离子提供更多的暴露位点。范小玉等（2022）研究表明，硅肥可显著改善长期干旱土壤的水分胁迫作用影响下茄子根部器官的生理状况，促进其整个根系器官对作物外部环境水分及时输送并顺利吸收外界养分物质，进而显著促进茄子茎秆增长，增强优质茄子抗旱能力。Patel 等（2021）研究表明，施硅可促进干旱条件下两种花生基因型矿物质养分的吸收和运输，诱导代谢物积累，增加激素水平，参与干旱胁迫和耐受的信号通路，从而提高不同基因型花生的耐旱性，因此，硅可以通过影响植物对某些营养元素的吸收、转运和分配来缓解植物的干旱胁迫。

4.2.2 低温胁迫下硅肥对植物的调控效应及影响

（1）硅肥对植物低温胁迫的调控机制

低温胁迫包括冷害和冻害两方面，冷害和冻害都会使植物的生命活动减缓或停止，严重威胁其产量形成及品质优化。已有研究表明低温胁迫下，硅能显著提高多种植物的抗寒能力，而外源硅调控植物对低温胁迫的耐受性机制主要有以下几方面。

①增强低温胁迫下植物细胞膜的防护能力，提高植物抗氧化系统的活性。植物对温度胁迫的适应主要在于细胞膜，细胞膜系统是植物感受和抵御外界不良环境的主要靶标，低温胁迫引起细胞膜结构的破坏是导致植物损伤和死亡的根本原因（简令成 等，1965）。细胞膜的稳定性与流动性和植物的抗寒性有较为密切的关系。植物遭受低温胁迫时会改变植株细胞膜的结构，让细胞膜脂状态由液晶相转变成凝胶相，达到低温伤害阈值时，破坏膜的完整性，增加细胞膜透性，电解质渗透率也随之增大，使细胞膜受损，这个过程还会导致蛋白变性，对膜定位蛋白的功能产生影响（Kidokoro et al., 2017）。相对电导率是反应膜透性的重要生理指标，可依此推断低温胁迫对植物造成的伤害程度。硅的应用已被证明可以减少低温胁迫植物（如水稻、大豆和小麦）中电解质的泄漏，表明硅对植物细胞膜低温损伤具有保护作用。流动性是细胞膜功能的基本特征，受到多种因素的影响，如蛋白质和脂质的相互作用和脂质的组成。已有研究发现，添加硅可以调节磷脂与蛋白质的比例，从而调节质膜的流动性；此外，有关研究证实，膜脂组分中的不饱和脂肪酸的积累与植物抗寒性强弱有关，脂肪酸不饱和度高的植物抗寒性强于脂肪酸不饱和度低的植物，硅能显著增加植物中不饱和脂肪酸的比例，调控细胞质膜流动性，使植物的抗寒性得以提高（Saleem et al., 2020）。因此，硅的添加有助于在低温胁迫下将细胞膜的流动性维持在最佳状态，提高细胞结构的稳定性，保证细胞结构和功能不受破坏，从而提高植物对低温环境的耐受性。

在逆境胁迫下，硅介导的膜完整性和稳定性的改善也与植物抗氧化防御系统的增强有关。低温胁迫下植物体内会产生大量的活性氧 ROS，随着低温胁迫程度和胁迫持续时间的增加，ROS 清除剂含量和酶活性持续下降，氧化还原平衡被打破，ROS 代谢失调，导致细胞膜脂过氧化最终产物 MDA 的积累，引起细胞受损甚至死亡。SOD、POD 和 CAT 等物质构成植物体内的抗氧化防御体系，其活性与植物抗寒能力密切相关（沈漫 等，1997）。研究发现，低温胁迫前植株叶面喷施外源硅可增强植物体内 SOD、POD 和 CAT 活性，降低 MDA 产生速率和含量，有效减少膜脂过氧化对细胞的损伤；另外，硅的添加可提高植株 APX、GR、DHAR 和 GST 等活性水平，增强植株的抗冻能力。因此，植物生长环境中的硅被植株体内吸收后，一部分以凝胶态的形式堆积在植物胞质外侧，如植物表皮细胞壁、组织间隙等，硅的沉积能够稳固细胞膜，提高抗氧化酶的活性和增加非酶抗氧化物质的含量，从而降低细胞内自由基含量和产生速率，减轻膜脂过氧化程度，进而增强植物的抗寒性。

②参与植物体内的代谢活动以调节植物的光合及渗透调节等生理生化指标，进而提高植株的抗寒性。光合作用合成的有机物是作物产量品质形成的物质基础，也是对低温逆境最敏感的生理生化过程之一（Sharma et al., 2019）。低温胁迫影响植物进行光合作用，植物气孔和叶肉导度降低、叶绿体发育受损、叶绿素分解和代谢物运输受限都与低温胁迫下的低光合速率有关。此外，低温降低了卡尔文循环酶的热力学活性，导致产生过量的激发能，Rubsico 酶活性和卡尔文循环酶活性降低等，对植物光合作用产生抑制（Siddiqui et al., 2020）。硅肥施入后，植物通过增强光合速率，提高糖类物质积累量来促进植株的生长发育，从而帮助植物抵抗低温胁迫。硅改善低温胁迫下植物光合性能的机制主要有以下几方面：①外源硅增加了低温胁迫下植株叶片的气孔导度，提高了 CO_2 固定能力和净光合速率；②硅能够改变低温胁迫下植株叶片结构以降低蒸腾水分的消耗，提高植物的光合效率；③硅对光合作用更直接的影响是在光系统之间更好地分配光能，从而提高低温胁迫下植物 PSⅡ最大光化学量子产量（Fv/Fm）和 PSⅡ实际量子产量［Y（Ⅱ）］，改善了胁迫对植物光合的抑制作用；④硅介导的蛋白质调节线粒体对光合作用进行优化，促进了植株叶绿体中光能捕获和 NPQ 的消耗，并增加光合作用相关酶，如铁氧还蛋白 -NADP 再还原酶、ATP 合成酶和 Rubisco 的酶活性，从而促进了光合作用。因此，外源硅主要通过参与植物体光合作用，保护叶绿体结构并促进叶绿素的合成等一系列生理生化过程，保护植物细胞免受冷害进而维持光合系统活性。

此外，植物在低温下常常还会遭受渗透胁迫，使活细胞原生质黏度增大，流动性降低，限制了根系对水分的主动吸收。对此，植物体内会发生一系列的生理生化反应来抵御伤害，低分子量渗透调节物质如可溶性糖、脯氨酸和甜菜碱的合成和积累是帮助植物在低温胁迫下保持生长或存活的另一机制。植物通过积累具有保水作用的渗透调节物来提高细胞液浓度并维持较高的渗透压，防止细胞失水。在低温胁迫下，植物体内的可溶性糖和可溶性蛋白能够溶解进入细胞质与液泡等细胞器中，提高细胞液浓度，增加细胞持水组织中的非结冰水，增强植物抗寒性（Hosseini et al., 2019）。一般认为，糖类和蛋白类物质的积累量与植物的抗寒性存在正相关关系，据报道，低温胁迫下，硅作为种包衣处理可以提高幼苗的总可溶性糖化合物水平。海藻糖作为一种双糖，可作为植株在冷胁迫环境条件下的能量源、渗透物和膜保护剂。在一项关于硅对海藻糖生物合成和细胞水平影响的研究中，研究人员观察到，硅处理导致植株海藻糖生物合成和积累增加。另外，相关研究表明硅补充植株的 γ 氨基丁酸 GABA 水平显著高于未受硅处理的植株，从而能够增强植物对低温环境的生理和生化防御，降低低温胁迫对植物的损伤（Ali et al., 2018）。游离脯氨酸是衡量抗寒性的重要生理指标之一，可维持细胞渗透平衡，稳定膜结构，防止电解质泄露，使活性氧的浓度维持在正常范围内，具有保护蛋白质分子、抵御氧化胁迫的重要作用，游离脯氨酸含量的增加可使植物的抗寒性得到增强。大量研究认为，外源硅的添加可使低温胁迫下植株幼苗中可溶性蛋白、可溶性糖、脯氨酸含量显著提升，有效缓解低温胁迫对于植株渗透调节物质积累的抑制，从而维持细胞结构的稳定性，提高植株的抗低温能力。

（2）硅肥抵抗植物低温胁迫的应用

当前多项研究表明，在低温胁迫条件下，硅肥施用对作物产量有显著提升作用。研究大部分通过低温条件下，采用硅酸钾、硅酸钠、纳米二氧化硅等作为外源添加硅开展试验。对上述文献进行统计（图4-3），硅肥对所有作物产量/生物量的提升效果平均值为22.6%（n=16），对粮食作物为22.7%（n=13），对经济作物为22.5%（n=3）。

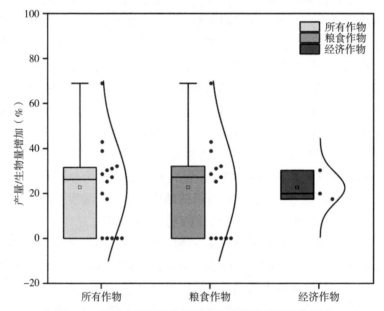

图4-3　硅肥在低温胁迫下对作物生物量或产量的影响

（当硅肥处理与对照产量或生物量之间显著差异性不明显时，表示为0%；根据以下文献进行整理：郭树勋 等，2023；路运才 等，2014；王海红 等，2011；徐泽华，2018；Liang et al.，2008）

硅能够提高作物的耐冷性，目前关于硅增强作物耐冷性的研究不断被报道，尤其在水稻、小麦中的研究颇多，大量研究证明硅对增强植株耐冷性有效。在维持低温胁迫下细胞膜的稳定性及功能等方面，范培培等（2014）研究表明，生长环境中的硅被黄瓜植株体内吸收后，一部分以凝胶态的形式堆积在植物表皮细胞壁、组织间隙等细胞质外侧，增强了细胞膜的稳固能力，调节膜的通透性，从而增强植株的抗寒能力。Liang等（2008）发现，在冷冻条件下，添加硅可以提高小麦中SOD和CAT的活性以及抗坏血酸的含量，抑制膜脂过氧化的最终产物MDA的增加，减轻低温胁迫下植物脂质和蛋白质的氧化损伤。范晓玉等（2022）以低温敏感型和耐低温花生为材料，研究低温胁迫下施用硅肥对花生幼苗生长及相关生理指标的影响，结果表明低温胁迫条件下，与不施硅肥相比，适量施用硅肥能够提高叶片 SOD 酶活性，提高细胞膜流动性，增强花生抗低温能力。喷施硅处理可显著提高低温胁迫下水稻幼苗的存活率和发芽率，降低叶片相对电导率，增强细胞膜稳定性，提高水稻幼苗耐冷性（安兴业，2018）。Qian 等（2019）研究表明，低温胁迫下施硅显著提高了竹叶 SOD、POD 和 CAT 等抗氧化酶的活性，而 MDA 含量和细胞膜通透性均随硅的施入而降低，表现出较强的抗寒性。王海红等（2011）的研究得出，施硅可提高低温胁迫下黄瓜幼苗鲜重积累和叶绿素含量，显著降低叶片质膜透性和 ROS 含量，减轻低温对黄瓜幼苗的氧化伤害。

在参与植物体内新陈代谢活动等方式调节植物生理生化指标方面，在徐泽华等（2018）对水稻的研究中，叶面喷施硅制剂可以改善低温下土壤硅素的状态，有效地减轻分蘖期低温对水稻生育前期和后期养分吸收的抑制作用，同时，硅肥可显著增加低温胁迫下水稻叶片叶绿素 a、叶绿素 b 和类胡萝卜素含量，刺激光合作用，提高水稻产量。在对番茄低温胁迫的研究中，叶面喷湿纳米硅和离子硅均可提高低温胁迫下番茄植株的光合色素含量和净光合速率，进而提高番茄的产量和品质（王孝宣 等，1997）。硅酸钠与 γ-氨基丁酸通过上调 BnCAMTA1 和 BnCOR25 等抗寒响应基因的表达，显著提高了低温胁迫下油菜的发芽速度、发芽率和幼苗活力（龚动庭，2019）。喷施硅酸钠可显著促进乌塌菜叶片迅速积累大量的脯氨酸和可溶性蛋白，从而有效缓解低温胁迫对乌塌菜幼苗的影响（吴燕 等，2010）。郭树勋等（2023）通过基质盆栽试验，研究表明低温严重制约了番茄的光合作用、根系的生长发育以及非结构性碳水化合物的积累，根系构型参数偏向于不利于植物正常生长的方向变化，施用纳米硅可通过促进光合色素合成、提高光合速率和根系活力、改善根系构型及提高非结构性碳水化合物积累来提高番茄抗冷性。路运才等（2014）对低温胁迫下水稻幼苗的研究发现，外源硅酸钾处理下的水稻可溶性糖、脯氨酸含量显著增加，MDA 含量显著下降，说明硅在增强水稻的抗冷性方面具有重要作用。

4.3 小结

硅在植物体内的积累可以提高植物的抗旱性和抗寒性方面的作用已经得到证实，目前的研究虽然对其作用机理进行了一定的探讨，但主要还是集中于针对植物生长地上地下物理屏障构成和调节植物生理生化方面进行分析，其深层作用机制还存在许多值得关注的问题，对未来硅的研究方向提出以下几点展望：①不同植物对硅的吸收和积累特性不同，因此对硅的反应和获取效率也有很大区别，此外不同地区土壤理化性质、土壤溶液中硅的形态和浓度等因素会影响植物组织中硅的积累，因此需要根据不同作物及不同区域气候、土壤条件建立精准的硅肥抗逆机制判别，从而为调控作物抵抗干旱、低温机制提供更为准确的硅肥调控确切途径；②随着细胞生物学、基因组学、蛋白质组学以及代谢组学的发展，可利用学科交叉技术，深入研究硅提高植物抗逆性的生物化学及分子机制，进而将硅的研究从单一技术拓展到细胞尺度代谢过程、基因调控多方面的研究领域，从而更加透彻地阐明硅肥提高植物抗逆性的作用机制；③目前自然灾害频发，植物需同时抵御多重胁迫，例如盐渍伴随着干旱，低温与生理性病虫害并发，这些情况下硅介导的植物主要生理代谢途径和分子生物学机制需要进一步探究，以便能在更加广泛的环境条件下，深入解析硅抵抗各种胁迫的耦合机制，从而将硅肥更加有效地应用于更多的作物种类，为作物的逆境调控提供一种绿色、安全、有效的方法。

（本章主著：董雯怡）

参考文献

安兴业，2018. 硅制剂对水稻生育前期耐冷性的影响［D］. 哈尔滨：东北农业大学.

董爱玲，颉建明，李杰，等，2017. 低温驯化对低温胁迫下茄子幼苗生理活性的影响［J］. 甘肃农业大学学报，52（1）：74-79.

范培培，2014. 黄瓜硅转运相关基因 CSiT-1 和 CSiT-2 的表达特性及功能研究［D］. 杭州：浙江农林大学.

范小玉，赵跃锋，张清华，2022. 硅肥对干旱胁迫下茄子幼苗生长及生理特性的影响［J］. 江苏农业科学，50（9）：122-127.

葛君，姜晓君，任德超，等，2021. 低温胁迫对拔节期小麦抗氧化系统及光合能力的影响［J］. 天津农业科学，27（9）：5-9.

龚动庭，2019. 硅与 γ-氨基丁酸引发对低温胁迫下油菜种子萌发与幼苗生长的影响［D］. 杭州：浙江大学.

郭华军，2010. 水分胁迫过程中的渗透调节物质及其研究进展［J］. 安徽农业科学，38（15）：7750-7753.

郭佳强，曾鑫，陈孝平，2023. 植物抗低温胁迫的研究进展［J］. 武汉工程大学学报，45（2）：119-125.

郭树勋，代泽敏，杨然，等，2023. 纳米硅对低温下番茄生长发育及碳水化合物积累的影响［J］. 中国生态农业学报（中英文），31（5）：742-749.

黄斌，李文科，孙敏涛，等，2022. 复硝酚钠对低温下黄瓜种子萌发和幼苗耐寒性的影响［J］. 核农学报，36（4）：845-855.

简令成，吴素萱，1965. 植物抗寒性的细胞学研究：小麦越冬过程中细胞结构形态的变化［J］. Journal of Integrative Plant Biology（1）：1-23.

李芬，康志钰，邢吉敏，等，2014. 水分胁迫对玉米杂交种叶绿素含量的影响［J］. 云南农业大学学报（自然科学），29（1）：32-36.

刘娥娥，宗会，郭振飞，等，2000. 干旱、盐和低温胁迫对水稻幼苗脯氨酸含量的影响[J].热带亚热带植物学报,8(3):235-238.

刘希元,吴春燕,张广臣,等,2020.喷施外源NO对缓解辣椒幼苗低温伤害的机理研究[J].西北农林科技大学学报(自然科学版),48(11):63-70.

刘义国,万雪洁,张艳,等,2022.干旱锻炼对小麦幼苗期形态指标的影响[J].西北农业学报,31(2):157-163.

柳燕兰,郭贤仕,马明生,2018.苗期干旱胁迫及复水对春玉米叶片光能利用特性及抗氧化酶活性的影响[J].水土保持学报,32(1):339-343.

路运才,王淼,杜景红,等,2014.外源硅对低温胁迫下水稻幼苗生长的影响及其生理机制[J].安徽农学通报,20(22):42-43.

麻雪艳,周广胜,2018.干旱对夏玉米苗期叶片权衡生长的影响[J].生态学报,38(5):1758-1769.

米文博,刘自刚,徐春梅,等,2021.低温胁迫下甘蓝型冬油菜蛋白质组学及光合特性分析[J].分子植物育种,19(21):7222-7231.

沈漫,王明麻,黄敏仁,1997.植物抗寒机理研究进展[J].植物学通报,14(2):2-9.

施钦,包学文,华建峰,等,2019.干旱胁迫及复水对海滨木槿光合作用和生理特性的影响[J].应用生态学报,30(8):2600-2606.

石雪晖,陈祖玉,杨会卿,等,1996.低温胁迫对柑桔离体叶片中SOD及真同工酶活性的影响[J].园艺学报,23(4):384-386.

孙清鹏,许煌灿,张方秋,等,2002.低温胁迫对大叶相思和马占相思某些生理特性的影响[J].林业科学研究,15(1):34-40.

王宝增,钟珺珩,江俊涛,等,2020.干旱胁迫对两个玉米品种耐旱性的影响[J].黑龙江农业科学(11):20-23.

王海红,祝鹏飞,束良佐,等,2011.硅对低温胁迫下黄瓜幼苗生长的影响[J].生态科学,30(1):38-42.

王硕,贾潇倩,何璐,等,2022.作物对干旱胁迫的响应机制及提高作物抗旱能力的调控措施研究进展[J].中国农学通报,38(29):31-44.

王孝宣,李树德,东惠茹,等,1997.低温胁迫对番茄苗期和开花期脂肪酸的影响[J].园艺学报(2):161-164.

王泽华,秦伟,2018.不同居群新疆野苹果生理响应差异与抗寒性的关系[J].经济林研究,36(2):20-28.

吴金山,张景欢,李瑞杰,等,2017.植物对干旱胁迫的生理机制及适应性研究进展[J].山西农业大学学报(自然科学版),37(6):452-456.

吴燕,高青海,2010.低温胁迫下乌塌菜对外源硅的生理响应[J].植物生理学通讯,46(9):928-932.

徐泽华,2018.在低温胁迫下外源硅对寒地粳稻叶片生理生化指标的影响[D].哈尔滨:东北农业大学.

杨娟，姜阳明，周芳，等，2021. PEG 模拟干旱胁迫对不同抗旱性玉米品种苗期形态与生理特性的影响［J］.作物杂志（1）：82-89.

袁丽环，薛燕燕，2020.外源氢气对干旱胁迫下小麦幼苗生理特性的影响［J］.农业与技术，40（13）：39-40.

张均，梁振凯，王学平，等，2019.锌肥对干旱胁迫下冬小麦根系生长发育及产量的影响［J］.华北农学报，34（5）：126-136.

张馨月，王寅，陈健，等，2019.水分和氮素对玉米苗期生长、根系形态及分布的影响［J］.中国农业科学，52（1）：34-44.

张兴梅，孙壮，殷奎德，等，2013.低温胁迫下转 ICE1 基因水稻养分变化的研究［J］.干旱地区农业研究，31（6）：140-145.

张智猛，戴良香，宋文武，等，2013.干旱处理对花生品种叶片保护酶活性和渗透物质含量的影响［J］.作物学报，39（1）：133-141.

赵莉，周炎，汪海燕，等，2019.干旱处理下不同烤烟品系的生理差异研究［J］.核农学报，33（3）：607-615.

AHMAD Z, WARAICH E A, BARUTULAR C, et al., 2020. Enhancing drought tolerance in wheat through improving morpho- physiological and antioxidants activities of plants by the supplementation of foliar silicon[J]. Phyton-International Journal of Experimental Botany, 89(3): 529-539.

AHMED M, KHURSHID Y, 2011. Does silicon and irrigation have impact on drought tolerance mechanism of sorghum[J]. Agricultural water management, 98(12): 1808-1812.

ALAM A, HARIYANTO B, ULLAH H, et al., 2021. Effects of silicon on growth, yield and fruit quality of cantaloupe under drought stress[J]. Silicon, 13: 3153-3162.

ALI N, SCHWARZENBERG A, YVIN J, et al., 2018. Regulatory role of silicon in mediating differential stress tolerance responses in two contrasting tomato genotypes under osmotic stress[J]. Frontiers in Plant Science, 9: 1475.

ALKAHTANI M D, HAFEZ Y M, ATTIA K, et al., 2021. Evaluation of silicon and proline application on the oxidative machinery in drought-stressed sugar beet[J]. Antioxidants, 10(3): 398.

ALSAEEDI A, EL-RAMADY H, ALSHAAL T, et al., 2019. Silica nanoparticles boost growth and productivity of cucumber under water deficit and salinity stresses by balancing nutrients uptake[J]. Plant Physiology and Biochemistry, 139: 1-10.

ALVAREZ M E, SAVOURÉ A, SZABADOS L, 2022. Proline metabolism as regulatory hub[J]. Trends in Plant Science, 27(1): 39-55.

AMIN M, AHMAD R, ALI A, et al., 2018. Influence of silicon fertilization on maize performance under limited water supply[J]. Silicon, 10: 177-183.

ANITHA R, GAYATHRY G, THIRUVARASAN S, et al., 2019. Study of potassium silicate and silica solubilizing bacteria and its impact on yield and quality of sugarcane under water stress condition[J]. International Journal of Current Microbiology and Applied Sciences, 8(11): 1287-1301.

AVILA R G, MAGALHÃES P C, DA SILVA E M, et al., 2020. Silicon supplementation improves tolerance to water deficiency in sorghum plants by increasing root system growth and improving photosynthesis[J]. Silicon, 12: 2545-2554.

AVILA R G, MAGALHÃES P C, DA SILVA E M, et al., 2021. Application of silicon to irrigated and water deficit sorghum plants increases yield via the regulation of primary, antioxidant, and osmoregulatory metabolism[J]. Agricultural Water Management, 255: 107004.

BAWA G, FENG L, SHI J, et al., 2020. Evidence that melatonin promotes soybean seedlings growth from low-temperature stress by mediating plant mineral elements and genes involved in the antioxidant pathway[J]. Functional Plant Biology, 47(9): 815-824.

BIJU S, FUENTES S, GUPTA D, 2017. Silicon improves seed germination and alleviates drought stress in lentil crops by regulating osmolytes, hydrolytic enzymes and antioxidant defense system[J]. Plant Physiology and Biochemistry, 119: 250-264.

BLUM A, 2017. Osmotic adjustment is a prime drought stress adaptive engine in support of plant production[J]. Plant, Cell & Environment, 40(1): 4-10.

BONNECARRÈRE V, BORSANI O, DÍAZ P, et al., 2011. Response to photoxidative stress induced by cold in japonica rice is genotype dependent[J]. Plant Science, 180(5): 726-732.

CAL A J, SANCIANGCO M, REBOLLEDO M C, et al., 2019. Leaf morphology, rather than plant water status, underlies genetic variation of rice leaf rolling under drought[J]. Plant, Cell & Environment, 42(5): 1532-1544.

CRUSCIOL C A, PULZ A L, LEMOS L B, et al., 2009. Effects of silicon and drought stress on tuber yield and leaf biochemical characteristics in potato[J]. Crop Science, 49(3): 949-954.

DESOKY E M, MANSOUR E, EL-SOBKY E E, et al., 2021. Physio-biochemical and agronomic responses of faba beans to exogenously applied nano-silicon under drought stress conditions[J]. Frontiers in Plant Science, 12: 637783.

DETMANN K C, ARAÚJO W L, MARTINS S C, et al., 2012. Silicon nutrition increases grain yield, which, in turn, exerts a feed - forward stimulation of photosynthetic rates via enhanced mesophyll conductance and alters primary metabolism in rice[J]. New Phytologist, 196(3): 752-762.

GUENDOUZ A, GUESSOUM S, HAFSI M, 2012. Investigation and selection index for drought stress in durum wheat (*Triticum durum* desf.) under mediterranean condition[J].

Electronic Journal of Plant Breeding, 3(2): 733-740.

HAYAT ULLAH H U, PHUNG DUC LUC P D L, ANITA GAUTAM A G, et al., 2018. Growth, yield and silicon uptake of rice (*Oryza sativa*) as influenced by dose and timing of silicon application under water-deficit stress[J]. Archives of Agronomy & Soil Science, 64(3): 318-330.

HOSEINIAN Y, BAHMANYAR M A, SADEGH-ZADE F, et al., 2020. Effects of different sources of silicon and irrigation regime on rice yield components and silicon dynamics in the plant and soil[J]. Journal of Plant Nutrition, 43(15): 2322-2335.

HOSSEINI S A, NASERI RAD S, ALI N, et al., 2019. The ameliorative effect of silicon on maize plants grown in Mg-deficient conditions[J]. International Journal of Molecular Sciences, 20(4): 969.

HU Z, FAN J, CHEN K, et al., 2016. Effects of ethylene on photosystem ii and antioxidant enzyme activity in bermuda grass under low temperature[J]. Photosynthesis Research, 128(1): 59-72.

HUSSAIN H A, MEN S, HUSSAIN S, et al., 2019. Interactive effects of drought and heat stresses on morpho-physiological attributes, yield, nutrient uptake and oxidative status in maize hybrids[J]. Scientific reports, 9(1): 3890.

HUSSAIN S, SHUXIAN L, MUMTAZ M, et al., 2021. Foliar application of silicon improves stem strength under low light stress by regulating lignin biosynthesis genes in soybean (*Glycine max* (L.) *Merr.*)[J]. Journal of Hazardous Materials, 401: 123256.

IM MILAD S, I NAWAR A, SHAALAN A, et al., 2016. Response of different wheat genotypes to drought and heat stresses during grain filling stage[J]. Egyptian Journal of Agronomy, 38(3): 369-387.

KAZEMI-SHAHANDASHTI S, MAALI-AMIRI R, 2018. Global insights of protein responses to cold stress in plants: signaling, defence, and degradation[J]. Journal of Plant Physiology, 226: 123-135.

KHANNA-CHOPRA R, SELOTE D S, 2007. Acclimation to drought stress generates oxidative stress tolerance in drought-resistant than-susceptible wheat cultivar under field conditions[J]. Environmental and Experimental Botany, 60(2): 276-283.

KHEDR A H A, ABBAS M A, WAHID A A A, et al., 2003. Proline induces the expression of salt - stress - responsive proteins and may improve the adaptation of *Pancratium maritimum* L. to salt - stress[J]. Journal of Experimental Botany, 54(392): 2553-2562.

KIDOKORO S, YONEDA K, TAKASAKI H, et al., 2017. Different cold-signaling pathways function in the responses to rapid and gradual decreases in temperature[J]. The Plant Cell, 29(4): 760-774.

KIRAN A, KUMAR S, NAYYAR H, et al., 2019. Low temperature - induced aberrations in male and female reproductive organ development cause flower abortion in chickpea[J]. Plant, Cell & Environment, 42(7): 2075-2089.

KLOTZBÜCHER A, KLOTZBÜCHER T, JAHN R, et al., 2018. Effects of Si fertilization on Si in soil solution, Si uptake by rice, and resistance of rice to biotic stresses in southern Vietnam[J]. Paddy and Water Environment, 16: 243-252.

LI L, LI H, WU L, et al., 2022. Sulfur dioxide improves drought tolerance through activating ca^{2+} signaling pathways in wheat seedlings[J]. Ecotoxicology, 31(5): 852-859.

LI Y, REN K, HU M, et al., 2021. Cold stress in the harvest period: effects on tobacco leaf quality and curing characteristics[J]. BMC Plant Biology, 21(1): 1-15.

LI Z, SONG Z, YAN Z, et al., 2018. Silicon enhancement of estimated plant biomass carbon accumulation under abiotic and biotic stresses: a meta-analysis[J]. Agronomy for Sustainable Development, 38: 1-19.

LI Z, YUAN L, WANG Q, et al., 2013. Combined action of antioxidant defense system and osmolytes in chilling shock-induced chilling tolerance in Jatropha curcas seedlings[J]. Acta Physiologiae Plantarum, 35(7): 2127-2136.

LIANG Y, SUN W, ZHU Y, et al., 2007. Mechanisms of silicon-mediated alleviation of abiotic stresses in higher plants: a review[J]. Environmental Pollution, 147(2): 422-428.

LIANG Y, ZHU J, LI Z, et al., 2008. Role of silicon in enhancing resistance to freezing stress in two contrasting winter wheat cultivars[J]. Environmental and Experimental Botany, 64(3): 286-294.

LIU X, CHEN A, WANG Y, et al., 2022. Physiological and transcriptomic insights into adaptive responses of *Seriphidium transiliense* seedlings to drought stress[J]. Environmental and Experimental Botany, 194: 104736.

LI X, YANG L, ZHANG D, et al., 2019. Cold tolerance evaluation of two new *Anthurium andraeanum* germplasms under low tem-peratur[J]. Molecular Plant Breeding, 17(16): 5446-5453.

LUYCKX M, HAUSMAN J, LUTTS S, et al., 2017. Silicon and plants: current knowledge and technological perspectives[J]. Frontiers in Plant Science, 8: 411.

MA C C, LI Q F, GAO Y B, et al., 2004. Effects of silicon application on drought resistance of cucumber plants[J]. Soil Science and Plant Nutrition, 50(5): 623-632.

MAGHSOUDI K, EMAM Y, PESSARAKLI M, 2016. Effect of silicon on photosynthetic gas exchange, photosynthetic pigments, cell membrane stability and relative water content of different wheat cultivars under drought stress conditions[J]. Journal of Plant Nutrition, 39(7): 1001-1015.

MASSON-DELMOTTE V P, ZHAI P, PIRANI S L, et al., 2021. IPCC, 2021: summary for policymakers. In: climate change 2021: the physical science basis. Contribution of working group i to the sixth assessment report of the intergovernmental panel on climate change[M]. Cambridge: Cambridge University Press.

MORATO DE MORAES D H, MESQUITA M, MAGALHÃES BUENO A, et al., 2020. Combined effects of induced water deficit and foliar application of silicon on the gas exchange of tomatoes for processing[J]. Agronomy, 10(11): 1715.

MUNIR AHMAD M A, EL-SAEID M H, AKRAM M A, et al., 2016. Silicon fertilization-a tool to boost up drought tolerance in wheat (*Triticum aestivum* L.) Crop for better yield[J]. Journal of Plant Nutrition, 39(8/11): 1283-1291.

MURELLI C, RIZZA F, ALBINI F M, et al., 1995. Metabolic changes associated with cold - acclimation in contrasting cultivars of barley[J]. Physiologia Plantarum, 94(1): 87-93.

NOCTOR G, MHAMDI A, FOYER C H, 2014. The roles of reactive oxygen metabolism in drought: not so cut and dried[J]. Plant Physiology, 164(4): 1636-1648.

OTHMANI A, AYED S, BEZZIN O, et al., 2021. Effect of silicon supply methods on durum wheat (*Triticum durum* desf.) Response to drought stress[J]. Silicon, 13: 3047-3057.

PATEL M, FATNANI D, PARIDA A K, 2021. Silicon-induced mitigation of drought stress in peanut genotypes (*Arachis hypogaea* L.) Through ion homeostasis, modulations of antioxidative defense system, and metabolic regulations[J]. Plant Physiology and Biochemistry, 166: 290-313.

PEI Z F, MING D F, LIU D, et al., 2010. Silicon improves the tolerance to water-deficit stress induced by polyethylene glycol in wheat (*Triticum aestivum* L.) Seedlings[J]. Journal of Plant Growth Regulation, 29: 106-115.

PLOHOVSKA S G, YEMETS A I, BLUME Y B, 2016. Influence of cold on organization of actin filaments of different types of root cells in *Arabidopsis thaliana*[J]. Cytology and Genetics, 50(5): 318-323.

QIAN Z Z, ZHUANG S Y, LI Q, et al., 2019. Soil silicon amendment increases *Phyllostachys praecox* cold tolerance in a pot experiment[J]. Forests, 10(5): 405.

RIZWAN M, ALI S, IBRAHIM M, et al., 2015. Mechanisms of silicon-mediated alleviation of drought and salt stress in plants: a review[J]. Environmental Science and Pollution Research, 22: 15416-15431.

SACK L, STREETER C M, HOLBROOK N M, 2004. Hydraulic analysis of water flow through leaves of sugar maple and red oak[J]. Plant Physiology, 134(4): 1824-1833.

SALEEM M, FARIDUDDIN Q, JANDA T, 2021. Multifaceted role of salicylic acid in combating cold stress in plants: a review[J]. Journal of Plant Growth Regulation, 40(2): 464-485.

SATTAR A, CHEEMA M A, SHER A, et al., 2019. Physiological and biochemical attributes of bread wheat (*Triticum aestivum* L.) Seedlings are influenced by foliar application of silicon and selenium under water deficit[J]. Acta Physiologiae Plantarum, 41(8): 1-11.

SHARMA A, KUMAR V, SHAHZAD B, et al., 2020. Photosynthetic response of plants under different abiotic stresses: a review[J]. Journal of Plant Growth Regulation, 39(2): 509-531.

SHEN X, ZHOU Y, DUAN L, et al., 2010. Silicon effects on photosynthesis and antioxidant parameters of soybean seedlings under drought and ultraviolet-b radiation[J]. Journal of Plant Physiology, 167(15): 1248-1252.

SIDDIQUI H, AHMED K B M, SAMI F, et al., 2020. Silicon nanoparticles and plants: current knowledge and future perspectives[J]. Nanotechnology for Plant Growth and Development, 41: 129-142.

SUN B, LIU G, PHAN T T, et al., 2017. Effects of cold stress on root growth and physiological metabolisms in seedlings of different sugarcane varieties[J]. Sugar Technology, 19(2): 165-175.

TURNER N C, WRIGHT G C, SIDDIQUE K, 2001. Adaptation of grain legumes (pulses) to water-limited environments[J]. Agronomy, 71: 194-233.

WANG F, SUN H, RONG L, et al., 2021. Genotypic-dependent alternation in d1 protein turnover and psii repair cycle in psf mutant rice (*Oryza sativa* L.), as well as its relation to light-induced leaf senescence[J]. Plant Growth Regulation, 95(1): 121-136.

WANG M, WANG R, MUR L A J, et al., 2021. Functions of silicon in plant drought stress responses[J]. Horticulture Research, 8: 254.

WANG Y, CHEN X, LI X, et al., 2022. Exogenous application of 5-aminolevulinic acid alleviated damage to wheat chloroplast ultrastructure under drought stress by transcriptionally regulating genes correlated with photosynthesis and chlorophyll biosynthesis[J]. Acta Physiologiae Plantarum, 44(1): 1-12.

WILKINSON S, DAVIES W J, 2010. Drought, ozone, aba and ethylene: new insights from cell to plant to community[J]. Plant, cell & environment, 33(4): 510-525.

XIN L, LIUYAN Y, DONGLIANG Z, et al., 2019. Cold tolerance evaluation of two new anthurium andraeanum germplasms under low temperature[J]. Molecular Plant Breeding, 17(16): 5446-5453.

YIN L, WANG S, LIU P, et al., 2014. Silicon-mediated changes in polyamine and 1-aminocyclopropane-1-carboxylic acid are involved in silicon-induced drought resistance in sorghum bicolor l[J]. Plant Physiology and Biochemistry, 80: 268-277.

YORDANOV I, VELIKOVA V, TSONEV T, 2000. Plant responses to drought, acclimation, and stress tolerance[J]. Photosynthetica, 38: 171-186.

ZHAN A, SCHNEIDER H, LYNCH J P, 2015. Reduced lateral root branching density improves drought tolerance in maize[J]. Plant physiology, 168(4): 1603-1615.

ZHANG Y, YU S, GONG H, et al., 2018. Beneficial effects of silicon on photosynthesis of tomato seedlings under water stress[J]. Journal of Integrative Agriculture, 17(10): 2151-2159.

ZU X, LU Y, WANG Q, et al., 2017. A new method for evaluating the drought tolerance of upland rice cultivars[J]. The Crop Journal, 5(6): 488-498.

第五章
硅在改良盐碱地方面的应用

盐碱地是盐地和碱地的合称，其中，受中性钠盐（比如氯化钠和硫酸钠）影响的土壤叫盐地，而受碱解钠盐（如碳酸钠、碳酸氢钠、硅酸钠）影响的土壤称为碱地。盐碱地的形成原因是多种多样的，土壤中积累的盐分可能来自河流湖泊、地下水灌溉，也可能来自化肥的施用，当这些盐离子超出了植物的吸收能力，且无法被其他因素清除，就会随着水分蒸发在土壤中不断聚集，最终导致土壤盐碱化。当前，全球陆地盐碱化面积已经达到十亿公顷，约占地球陆地面积的7%，集中分布在非洲、亚洲、大洋洲和南美洲等地，盐碱地面积较大的国家和地区有澳大利亚、哈萨克斯坦、中国、伊朗、阿根廷等（Hopmans et al., 2021；郗金标 等，2006）。我国盐碱地总面积达9 913万 hm^2，约占全国土地面积的1/10，分布在23个省份、（朱建峰 等，2018；王遵亲 等，1993）。对于农业而言，当土壤发生盐渍化后，只有少部分作物能吸收后续的肥料，而绝大部分的肥料会随水流失或被土壤固定，造成减产和品质恶化、生态系统初级生产力降低和土地荒漠化等问题。盐碱地已经成为全球和我国农业生态可持续发展的主要障碍因子。

5.1 盐碱胁迫危害程度划分与危害机理

5.1.1 盐碱化程度的表征指标

（1）土壤盐化程度表征指标

当前国内外主要表征土壤盐化程度的指标包括土壤含盐量和饱和溶液浸提液EC值（EC_e）。其中土壤含盐量（%）可采用重量法和电导率法得到，典型的重量法常采用土壤干重（g）与水体积（mL）比为1∶5进行搅拌，搅拌后进行过滤浸提，并加入过氧化氢除去浸提液中的有机物，将处理后的浸提液烘干得到土壤中含盐重量，电导率法则通过对处理后的浸提液采用电导率仪测定EC值，并利用EC值与盐浓度之间关系得到土壤含盐量。通常，重量法测得土壤含盐量要高于电导率法测得含盐量。

饱和溶液浸提液 EC 值的典型测量方法为将风干土壤边搅拌边加入去离子水，在加水过程中可以静止一定时间使得土壤中盐分充分溶解并使土壤水分分布达到稳定状态，土壤在达到饱和时一般会发光，倾斜时略微流动，在光滑的抹刀上自由干净地滑动，据此可判断土壤是否达到饱和。饱和泥浆浸提液一般通过离心法获得，获得泥浆浸提液后使用自动温度补偿的电导率测定仪得到 25℃时的 EC 值（Rhoades, 1996; Amakor et al., 2014）。

国外一般采用饱和泥浆浸提液的电导率来表示土壤盐渍化程度，但由于饱和泥浆的制备经验性很强，在国内普及应用条件还不成熟，我国习惯上常用土壤含盐百分数表示盐渍度。但土壤含盐量对植物的影响会因土壤含水率差异而不同，而不同土壤饱和含水量和凋萎含水量不同，盐溶液浓度也会有所差异，以沙土和黏土为例，在二者土壤重量含盐量相同，同时接近凋萎含水量浓度时，沙土的盐溶液可能是黏土的 10 倍以上，因此饱和泥浆浸提液电导率在定义盐碱危害程度时更为准确。

为解决饱和泥浆浸提液制备经验依赖性强的问题，吴月茹等（2011）提出一种新的电导率指标分析方法，该方法所采用的关系式如下：

$$EC_{1:x} = x^{-n} EC_{1:1}, n < 1$$

其中 $EC_{1:x}$ 是土水比为 $1:x$ 时测定的土壤溶液电导率；n 为需要通过试验测定的一个参数，当且仅当 $x=\varepsilon\rho_w/((1-\varepsilon)\rho_s)$ 时，其对应的电导率为土壤饱和溶液电导率，即 $EC_{sat}=EC_{1:x}$。ε 为土壤孔隙度，ρ_s 为土壤颗粒密度，ρ_w 为水的密度。使用 3 个或更多不同土水比的土壤浸提液电导率（$EC_{1:x}$, $x=1-5$）进行回归分析可以得到 $EC_{1:x}$。

（2）土壤碱化程度表征指标

土壤碱化度常用土壤交换性钠含量占阳离子交换量或交换性阳离子总量的百分数（Exchangeable sodium saturation percent age, ESP）表征。盐渍土积累的可溶性盐中钠离子是主要的阳离子，它与土壤胶体吸附的交换性钙、镁离子发生交换反应时，交换性钙离子进入溶液，钠离子则进入土壤胶体表面成为交换性钠，这种钠-钙的阳离子交换过程称为土壤的碱化过程，或称为钠质化过程，土壤中交换性钠超过一定比例时，土壤即成为碱化土或碱土，这是由于交换性钠在溶液中水解产生 NaOH 会引起土壤的强碱性。水中的 Na^+ 置换土壤中的 Ca^{2+}、Mg^{2+} 后，可能使土壤丧失土壤团粒结构，使土壤高度分散，孔隙度减少，成为不透水层，最终使土壤丧失保肥、保水作用。由于交换性阳离子测定方法复杂，研究者也提出用钠吸附比（Sodium adsorption ratio, SAR）这一指标进行计算：

$$SAR = \frac{[Na^+]}{(0.5[Ca^{2+}]+0.5[Mg^{2+}])^{0.5}}$$

5.1.2 盐碱危害程度划分标准

盐碱化程度在不同国家和地区划分标准有所不同，这主要是因为盐碱化在不同气候和土壤下，对作物造成的危害也有所差异，同时由于盐碱化程度不同表征指标具有不同的实施难度，不同国家和地区所选择的表征指标也有所差异。我国在盐碱地治理中，习惯以土壤含盐量和碱化度作为盐度指标进行划分，典型的如：鄂尔多斯市农牧局在进行盐碱治理时采用分级指标，如表5-1和表5-2所示。

表5-1 土壤盐化分级指标

分级	土壤含盐量（%）	作物生长情况
非盐化	< 0.1	正常，不受抑制
轻度	0.1～0.2	一般，稍受抑制
中度	0.2～0.4	受抑制，明显减产
中度	0.4～0.6	严重抑制，减产
盐土	> 0.6	死亡无收

表5-2 土壤碱化分级指标

分级	土壤碱化度（%）	pH值	土壤含盐量（%）
非碱化	< 5	< 8.5	< 0.5
轻度	5～10	> 8.5	< 0.5
中度	10～20	> 8.5	< 0.5
重度	20～30	> 8.5	< 0.5
碱土	> 30	> 9.0	< 0.5

美国盐碱实验室（US Salinity Laboratory，1954）则以ESP和EC_e将受盐碱影响的土壤划分为碱土（Sodic）、盐土（Saline）和盐碱土（Saline-sodic）（表5-3）。

表5-3 不同类型盐碱影响土壤和严重程度划分

土壤类型	指标	严重程度			
		轻度	中度	高度	极高
碱土	ESP（%）	15～20	20～30	30～40	> 40
	ECe（dS·m^{-1}）	< 4	< 4	< 4	< 4
盐土	ESP（%）	< 15	< 15	< 15	< 15
	ECe（dS·m^{-1}）	2～4	4～8	8～16	> 16
盐碱土	ESP（%），ECe（dS·m^{-1}）	15～20, 4～8	15～20, 8～25; 20～30, 4～16; 30～40, 4～8	15～30, > 25; 20～30, 16～25; 30～40, 8～16; 40～50, 4～8	20～30, > 25; 30～40, > 16; 40～50, > 8; > 50, > 4

5.1.3 盐碱胁迫对植物损害的机理

盐胁迫是自然界中主要的非生物胁迫之一，主要通过离子胁迫、渗透胁迫及氧化胁迫等次级反应过程来实现其对植物的破坏作用。离子胁迫指的是盐碱土中 Na^+ 和 Cl^- 是盐渍土壤中对植物产生毒害的主要盐离子。盐胁迫下，植物对离子吸收的选择性下降，大量 Na^+ 和 Cl^- 进入植物细胞后，使细胞质内 Na^+ 和 Cl^- 浓度过高，K^+、Ca^{2+} 和 Mg^{2+} 的吸收受到抑制，破坏了植物体内原有的离子平衡，导致植物遭受离子胁迫。由于盐离子与其他营养离子间存在竞争关系，盐离子的过量积累一方面对植物产生离子毒害，另一方面会抑制植物对其他营养离子的吸收，如 K^+ 和 Ca^{2+} 等，从而导致植物体内营养亏缺。渗透胁迫指的是土壤盐渍化降低了植物根际土壤水的能量状态，使土壤溶液渗透压超过了植物细胞液的正常渗透压，导致植物遭受渗透胁迫。氧化胁迫指的是土壤盐渍化除了使植物遭受渗透胁迫和离子胁迫，还通过二者的相互作用产生次级的氧化胁迫，致使植物体内活性氧产生与清除间的动态平衡被破坏。当活性氧的积累量超过了其伤害阈值，就会在两个方面对植物产生氧化损伤；一方面造成膜脂过氧化加剧和脱脂作用，使植物细胞膜系统的完整性遭到破坏；另一方面造成植物体内负责光合色素合成的特异性酶活性下降，叶绿体基粒片层膨胀松散乃至片层解体，光合系统中的超微结构遭到破坏，影响植物进行光合作用。

5.2 硅对盐碱胁迫的缓解机理

5.2.1 硅肥对离子胁迫的缓解机理

当外界环境 NaCl 含量高于 $40\text{mmol}\cdot L^{-1}$ 时，则相当于产生 0.2MPa 的渗透压力，造成植物吸水困难，从而导致生理干旱，影响植物正常生长（Munns and Tester，2008），盐胁迫主要由 Na^+ 引起，过高的 Na^+ 浓度引起的离子毒害，渗透胁迫和 K^+/Na^+ 比率的不平衡使植物新陈代谢异常，这是对大多数器官造成伤害的原因。在对不同作物的研究中，硅能减少植物体内钠的积累，进而缓解盐碱所带来的离子胁迫。关于硅缓解盐碱离子胁迫的原理，不同研究者提出了不同的理论，可归结为蒸腾抑制理论、外质体运输抑制理论、多胺阻断理论和 Na^+、K^+ 离子运输调控理论。

（1）蒸腾抑制理论

在早期的研究认为是蒸腾抑制减少了 Na^+ 的吸收，Matoh 等（1986）认为硅作用下 Na^+ 离子的积累降低可能与硅肥作用下作物蒸腾量的下降有关，但许多研究发现硅肥对作物蒸腾不仅没有明显抑制，反而有所提高，因此蒸腾抑制导致 Na^+ 离子积累降低的理论并不能很好解释许多观测案例。

（2）外质体运输抑制理论

Gong 等（2006）以水稻为研究对象，观测到在盐碱胁迫下，添加硅酸盐可以促进地上部的生长，但不能促进根的生长，地上部生长的改善与地上部 Na^+ 离子浓度降低有关。添加硅酸盐也降低了钠从根到茎的净转运速率（以单位根质量表示）。然而，硅酸盐对钾的净运输没有影响。在盐胁迫植物中，硅酸盐并没有减少蒸腾作用，反而增加了蒸腾作用，这表明硅酸盐对钠的吸收不是简单地通过减少从根到茎的体积流量。在此基础上，该项研究采用外质体示踪剂进行试验，发现硅酸盐显著降低了水稻的循环旁路流量和木质部 Na^+ 离子浓度，进一步采用 X 射线分析结果发现在水稻中硅沉积在根的外皮层和内皮层，并且其在内皮层的沉积更为明显。据此，Gong 等（2006）认为硅对 Na^+ 离子吸收抑制作用与硅在根内外皮层沉积引起的钠离子外质体运输降低有关。该理论可较好地解释硅肥对水稻等硅含量较高的作物离子胁迫的缓解作用，而对于含硅量较低的作物上述理论仍难以支撑，因为对于含硅量较低的作物，硅沉积程度和外质体运输抑制程度有限。

（3）多胺阻断理论

在对高粱的研究中，Yin 等（2015）认为与硅诱导的多胺类物质积累有关，多胺类物质可以阻断质膜 K^+ 离子和非选择性离子通道，进而提高细胞内 K^+ 离子保持并降低 Na^+ 离子进入（Zhao et al., 2007; Zepeda-Jazo et al., 2011）。

多胺（Polyamines, PAs）是植物体代谢过程中产生的一类具有生物活性的小分子量脂肪族含氮碱，在植物中常见的多胺主要有腐胺（二胺，Put）、亚精胺（三胺，Spd）和精胺（四胺，Spm）。植物体内多胺以游离态、高氯酸可溶性结合态和高氯酸不可溶性结合态三种形式存在，即游离态、结合态和束缚态。在逆境胁迫中，植物体内多胺含量和形态会发生改变，以调节植物的生长和发育，通过添加外源多胺可提高作物的抗逆性（宋永骏 等，2012）。多胺生物合成途径的中心产物是腐胺，合成过程有精氨酸脱羧酶（Arginine decarboxylase, ADC），鸟氨酸脱羧酶（Ornithine decarboxylase, ODC）和 S-腺苷蛋氨酸脱羧酶（S-adenosylmethionine decarboxylase, SAMDC）三个关键酶。Put 以精氨酸为合成底物，通过两条不同的途径形成。精氨酸在 ADC 作用下催化脱羧，生成胍精胺（Agm），再脱去一分子氨，经由 N-氨甲酰腐胺生成 Put，称为精氨酸（Arginine, Arg）途径；精氨酸先脱去一分子脲生成鸟氨酸（Orn）或直接利用体内鸟氨酸，经 ODC 催化脱羧，最终生成 Put，此过程为鸟氨酸（Orthinine, Orn）途径。而后 Put 在亚精胺合成酶（Spermidine synthases, SPDS）的催化下生成 Spd，Spd 又在精胺合成酶（Spermine synthases, SPMS）的作用下生成 Spm，氨丙基则是由 S-腺苷蛋氨酸（S-adenosylmethionine, SAM）在 SAMDC 催化下脱羧产生的脱羧 S-腺苷蛋氨酸（dcSAM）提供。各种形态的 PAs 可以通过之间的转化和运输来改变其在组织和细胞及细胞器内的分布，作为小分子的渗透溶质直接起到渗透调节作用，保持细胞膨压，维持正常代谢活动，达到调节局部渗透势大小的效果（Alcázar et al., 2010）。同时多胺可以聚合阳离子的形式存在，也可与携带负电荷的核酸、蛋白质酸性残基或磷脂生物膜通过非共价键形成复合体，或与羟基肉桂酸共价结合形成水溶或脂溶性物质，或与蛋白质、核酸等生物大分子共价结合形成高分子结合态，进而起到分子修饰作用，而这种分子修饰将起到稳定质膜及类囊体等细胞内膜的结构，提高酶活性及生物大分子稳定性，调控生理代谢和基因表达等作用，此外多胺还可作为"信号分子"参与基因表达、蛋白质修饰和激素调节，进而调控一系列生理生化反应。在高粱作物中，Yin 等（2016）发现硅肥的施用能够增加游离多胺和总多胺的水平，并且硅能够通过抑制 ACC 丙二酰基转移酶活性来平衡多胺和乙烯之间的代谢平衡。乙烯和多胺之间往往存在竞争作用，因为 SAM 是它们共同的前体。Wang 等（2015）发现硅肥对不同多胺的影响不同，其能增加游离态和结合态腐胺和游离态亚精胺的含量，但降低结合态亚精胺的含量。Yin 等（2016）证明硅对多胺物质的调节作用是其对 ADC 和 SAMDC 相关基因表达提高的结果。

（4）Na^+、K^+ 离子运输调控理论

盐胁迫主要由 Na^+ 引起，过高的 Na^+ 浓度引起的离子毒害，渗透胁迫和 K^+/Na^+ 比率的不平衡使植物新陈代谢异常，这是对大多数器官造成伤害的原因，在盐碱胁迫下，植物可以通过转运蛋白对 Na^+、K^+ 离子平衡进行调节，而硅元素对 Na^+/H^+ 逆向转运蛋白和高亲和性钾离子转运蛋白等表达均有显著影响。

Na^+/H^+ 逆向转运蛋白分布于细胞质膜和液泡膜上。其中细胞质膜 Na^+/H^+ 逆向转运蛋白（Membrane Na^+/H^+ exchanger or antiporter）可将 Na^+ 排出胞外，液泡膜 Na^+/H^+ 逆向转运蛋白（Vacuolar Na^+/H^+ exchanger or antiporter）则将细胞质中过多的 Na^+ 区域化在液泡中。质膜 H^+-ATPase 用水解 ATP 产生的能量将 H^+ 从细胞质中泵出细胞，产生跨质膜的 H^+ 电化学势梯度，提供能量，从而驱动质膜上的 Na^+/H^+ 逆向转运蛋白，使 H^+ 顺其电化学势进入细胞，Na^+ 则逆电化学势排出细胞；液泡的 H^+-ATPase 和 H^+-PPiase 产生跨液泡膜的 H^+ 电化学势梯度，为 Na^+/H^+ 逆向转运蛋白提供驱动力，进行离子的电化学运输，实现盐的区隔化。质膜和液泡膜的 Na^+/H^+ 逆向转运蛋白，都是逆 Na^+ 浓度梯度进行运输，以维持细胞质中低 Na^+ 浓度，降低细胞渗透势（张俊莲 等，2005）。通过这种方式一方面可以降低 Na^+ 对细胞质的毒害，另一方面又可将 Na^+ 作为一种有益的渗透调节剂来降低细胞的渗透势（Apse et al., 1999）。植物体内存在一个高度保守的盐过敏感（Salt overly sensitive，SOS）通路，SOS 通路主要由 SOS1、SOS2、SOS3 和类 SOS3 蛋白组成，SOS1 是植物质膜上的 Na^+/H^+ 反转运器，主要负责将细胞内的 Na^+ 外排，SOS2 是一种丝氨酸/苏氨酸激酶，该酶会被盐胁迫引起的 Ca^{2+} 信号激活。SOS3 是 Ca^{2+} 接收器。在盐胁迫下，细胞外盐离子结合到植物细胞质膜外侧 GIPC（糖基肌醇磷酸神经酰胺），引起细胞表面电势变化，从而打开质膜的钙离子通道，导致胞内钙离子浓度增加，激活 SOS 通路，促进 Na^+ 外排（Jiang et al., 2019）。

K^+ 是植物所必需的大量元素之一，与 Na^+ 有相似的水合半径。盐胁迫时，非选

择性阳离子通道或转运蛋白不能将二者区分，大量 Na^+ 的吸收抑制了植物根系对的 K^+ 摄入，植物体内 K^+/Na^+ 降低，造成盐害。因此，维持细胞质中高的 K^+/Na^+ 是植物应对胁迫的有效措施。植物高亲和性钾离子转运蛋白（high affinity K^+ transporter, HKT）具有单价阳离子的转运特性，相关基因在根表皮细胞膜和根、茎、叶鞘木质部薄壁细胞膜等处表达，执行离子转运功能，从而维持植物细胞及整株水平的 Na^+/K^+ 平衡（Garciadeblas et al., 2003）。HKT 可通过降低根部钠离子净积累和控制木质部钠离子向上运输来实现对 Na^+/K^+ 平衡的调节。在根部分布的 HKT，能够实现以 H^+ 电化学梯度作为能量供给，使得 H^+ 和 K^+ 同时进入细胞内，也可以细胞膜内外的 Na^+ 电化学梯度作为 K^+ 主动转运的能量来源，具有明显的 Na^+-K^+ 协同转运，而在维管束鞘都有分布的 HKT 转运蛋白则可将已进入木质部的 Na^+ 卸载在维管束薄壁细胞中，以减少木质部汁液 Na^+ 含量，从而降低钠离子向上运输（王甜甜 等，2018；Mäser et al., 2002a；Rubio et al., 1995）。

Liang 等（2005）的研究表明硅可提高 H^+-ATPase 和 H^+-PPase 的活性，进而提高细胞质膜 Na^+/H^+ 逆向转运蛋白的转运能量，促进 Na^+ 离子外排和隔离。Bosnic 等（2018）以玉米为研究对象，设置 40mmol·L^{-1} NaCl 盐碱胁迫，研究发现以 1.5mmol·L^{-1} 单硅酸为硅肥来源可以使得根系根尖和皮层 Na^+ 积累量明显下降，但通过木质部将更多的 Na^+ 分配到叶部。根尖和皮层中 ZmSOS1 和 ZmSOS2 的表达增加，促进 Na^+ 排出，此外 Si 还能下调根中柱中 ZmHKT1 的表达，从而进一步减少木质部的 Na^+ 卸载。

5.2.2 硅肥对渗透胁迫的缓解机理

盐碱所引起的作物渗透胁迫往往使作物无法正常吸收水分，当作物暴露在盐碱环境中时，往往通过一系列的适应性措施变化来维持自身水分平衡。通常情况下，盐碱胁迫会降低作物根系水力学导度，带来作物对水分吸收能力的下降。作为适应性措施，作物一方面会通过增大根冠比来增加根表面积，来促进根对水分及营养物质的吸收，另一方面，作物会通过关闭或减小气孔导度来降低蒸腾速率进而减少水分损失（Cornic, 2000），以实现逆境下的自我保护，但无论气孔导度的减小还是冠层生物量的减少，都将会降低 CO_2 的固定和光合速率。在水分吸收降低的同时，土壤中养分随水吸收和运输也将受到抑制，最终多方面的综合作用使得作物生长速度降低。有诸多研究证实，硅肥对于植物细胞中可溶性糖的影响可能与硅肥作用下作物光合效率的提高有关，一方面在盐碱条件下促进了冠层的发育，另一方面，硅肥施用提高了细胞膨压，有益于作物维持较高的气孔导度。主要有以下几个方面的作用。

（1）提高水通道蛋白数量和活性

水通道蛋白属于主体内在蛋白（Major intrinsic protein, MIP），其允许水和小分子溶质通过生物膜进行运输（Chrispeels and Maurel, 1994）。是一种位于细胞膜上的蛋白质（内在膜蛋白），在细胞膜上组成"孔道"，可控制水和小分子溶质在细胞的进出。许多植物不同部位都分布有水通道蛋白，流经根中的水有70%～90%通过水通道蛋白来运输，该途径是水进出细胞的主要途径（吴雪 等，2015）。根据氨基酸序列的同源性及结构特征，植物体中水通道蛋白被划分为不同类型（表5-4，李红梅 等，2010）。盐碱胁迫会降低水通道蛋白的活性，继而引起根系水力学导度的下降（Boursiac et al.，2008），这一现象有可能是通过作物 H_2O_2 的积累导致，而硅肥的施用可以降低作物体内 H_2O_2 水平，进而提高水通道蛋白相关基因的表达及其活性（Zhu et al.，2015）。与此同时，硅对于植物体不仅通过水通道蛋白活性和数量的提高增加根系水力学参数，而且可以提高类NOD26膜内在蛋白这一类使得硅进入到植物细胞的水通道蛋白含量，形成对植物体吸收硅元素的促进效应。由此，Rios 等（2017）提出盐碱条件下，硅对植物体水通道蛋白的影响是提高其盐碱抗性的重要途径。水通道蛋白表达的增多会缓解盐胁迫所带来的根系水力学导度下降，增加盐碱胁迫下根系对水分的吸收（Wang et al.，2015）。

表5-4 植物水通道蛋白分类、细胞定位和选择运输性

类型	亚类	细胞定位	运输选择性
质膜内在蛋白（Plasma membrane intrinsic proteins，PIPs）	PIP1、PIP2、PIP3	质膜	水、CO_2、甘油和甘氨酸
液泡膜内在蛋白（Tonoplast intrinsic proteins，TIPs）	ε TIP、α TIP、β TIP、γ TIP、δ TIP	液泡膜	水、氨水、尿素和 H_2O_2
类NOD26膜内在蛋白（NOD26-like intrinsic proteins，NIPs）	NOD26和LIP2	质膜、细胞内膜	水、甘油、尿素、硼酸和硅等
小碱性膜内在蛋白（Small basic intrinsic proteins，SIPs）	SIP1和SIP2	内质网	水及其他小分子
类GlpF膜内在蛋白（GlpF-like intrinsic proteins，GIPs）	PpGIP-1	可能在质膜	甘油，对水没有或只有极低的通透性

（2）提高细胞膨压，调节气孔导度

渗透势是水势的组分之一，表征的是由于细胞内溶质颗粒存在而使水势下降的数值。纯水的渗透势为零，溶液的渗透势为负值，当两种不同浓度的溶液被半透膜隔开时，由于水分子从低浓度溶液向高浓度溶液的扩散趋势，水分子的数量会逐渐从低浓度溶液向高浓度溶液转移，直到两侧的浓度达到平衡，因此植物细胞的渗透势越低，通常其吸水能力越强。细胞膨压是植物细胞因吸水膨胀对细胞壁产生的压力，有在盐碱胁迫下维持植物体挺度和调节气孔开闭等作用。在对高粱的研究中，Yin 等（2013）发现硅肥可以在盐碱胁迫下降低作物的渗透势，并提高作物的细胞膨压。这一现象也被 Romero-Aranda 等（2006）在番茄的研究中证实。

（3）促进冠层的发育

有研究进一步分析表明，硅肥在盐碱胁迫下降低作物的渗透势，并提高作物的细胞膨压。这一作用是硅肥对植物细胞中可溶性糖积累的促进作用的结果，而非对植物细胞中脯氨酸积累的促进，硅肥施用对脯氨酸的积累有抑制作用（Tuna et al., 2008; Pei et al., 2010; Yin et al., 2013）。脯氨酸的生物合成是一个高耗能过程，减少脯氨酸的合成有利于为处在胁迫中的作物节省更多能量，因此相关研究认为脯氨酸的增加并不是一种渗透调节措施，而是一种植物盐碱逆境损伤的反应（Lutts et al., 1999; De-Lacerda et al., 2003）。

5.2.3 硅肥对氧化胁迫的缓解机理

在盐碱胁迫中，植物会产生过量的活性氧（ROS），如过氧化氢（H_2O_2），过氧化物（O_2^-）和羟基自由基（·OH），活性氧的增加将对细胞膜和细胞器造成氧化损伤，而植物体可通过抗氧化系统缓解氧化胁迫。抗氧化系统包括抗氧化酶和非酶抗氧化剂，其中抗氧化酶主要包括超氧化物歧化酶（SOD）、过氧化氢酶（CAT）、抗坏血酸过氧化物酶（APX）、谷胱甘肽过氧化物酶（GPX）、单脱氢抗坏血酸还原酶（MDHAR）、脱氢抗坏血酸还原酶（DHAR）、谷胱甘肽还原酶（GR）、谷胱甘肽转移酶（GST）（表5-5），非酶抗氧化剂主要包括抗坏血酸（AsA）、谷胱甘肽（GSH）、维生素E（α-tocopherol）、胡萝卜素（Carotenoids）、黄酮类化合物（Flavonoids）、脯氨酸（Proline）（表5-5）。相关研究表明，硅肥施用可以通过影响植物细胞内抗氧化酶和非酶抗氧化剂的水平而缓解氧化胁迫。Hasanuzzaman等（2018）发现硅肥施用可提高油菜作物在盐碱胁迫时作物的CAT、APX、MDHAR、DHAR、GR、GST和GPX酶活性，并提高AsA和GSH水平，进而降低植物体内H_2O_2和MDA含量。Das等（2018）在水稻研究中发现硅肥可提高APX、GPX、GR和GST的活性进而减少ROS积累。在小麦作物研究中，Alzahrani等（2018）发现硅肥可提高SOD、CAT和POD的含量，提高脯氨酸、AsA和GSH的含量，降低植物体内MDA含量。在对大豆的研究中，Farhangi-Abriz等（2018）发现硅肥可以提高SOD、CAT和APX酶的活性以及AsA、维生素E的含量，降低H_2O_2等活性氧物质含量。关于硅肥对抗氧化酶和非酶抗氧剂的影响机理尚未得到充分解释。Coskun等（2019）认为单硅酸是一种不带电的不活跃的分子，不能直接与酶其他细胞内物质反应，不同的胁迫会引发特异的抗氧化胁迫信号，硅肥如何通过影响相关基因的表达亦缺乏理论支持。因此，硅肥在盐碱胁迫下对于抗氧化酶和非酶抗氧剂的作用有可能并不是直接作用的结果，有可能是通过对离子胁迫和渗透胁迫的缓解间接产生。

表 5-5 植物体主要非酶抗氧化剂类型和功能

抗氧化剂名称	主要功能	主要化学反应	存在部位
抗坏血酸（AsA）	与抗坏血酸过氧化物酶（APX）反应并对 H_2O_2 进行解毒	$AsA + H_2O_2 \to 2H_2O + MDHA$	原生质体、叶绿体、细胞质、线粒体、过氧化物酶体、液泡
超氧化物歧化酶（SOD）	使超氧阴离子自由基（$O_2^{\cdot-}$）经歧化反应生成 H_2O_2 和 O_2	$2O_2^{\cdot-} + 2H^+ \to H_2O_2 + O_2$	叶绿体，胞质溶胶，线粒体，过氧化物酶体
过氧化氢酶（CAT）	将过氧化氢（H_2O_2）转化为 H_2O 和 O_2	$2H_2O_2 \to 2H_2O + O_2$	乙醛酸循环体、线粒体、过氧化物酶体
抗坏血酸过氧化物酶（APX）	将 H_2O_2 转化为 H_2O 进行解毒	$H_2O_2 + AsA \to 2H_2O + MDHA \to 2H_2O + DHA$	叶绿体、胞质溶胶、线粒体、过氧化物酶体
谷胱甘肽过氧化物酶（GPX）	通过将 H_2O_2 转化为 H_2O 进行解毒	$H_2O_2 + DHA \to 2H_2O + GSSG$	叶绿体、细胞质、内质网、线粒体
单脱氢抗坏血酸还原酶（MDHAR）	从单脱氢抗坏血酸（MDHA）中再生抗坏血酸（AsA）	$2MDHA + NADPH \to 2AsA + NADP^+$	叶绿体、细胞质、线粒体
脱氢抗坏血酸还原酶（DHAR）	从脱氢抗坏血酸（DHA）中再生抗坏血酸（AsA）	$DHA + 2GSH \to AsA + GSSG$	叶绿体、细胞质、线粒体
谷胱甘肽还原酶（GR）	从氧化型谷胱甘肽（GSSG）中再生谷胱甘肽（GSH）	$GSSG + NADPH \to 2GSH + NADP^+$	叶绿体、细胞质、线粒体
谷胱甘肽转移酶（GST）	使谷胱甘肽在亲电子位发生共轭反应	$ROOH + 2GSH \xrightarrow{GSH} ROH + GSSG + H_2O$	叶绿体、细胞质、线粒体、细胞核
谷胱甘肽（GSH）	清除过氧化氢（H_2O_2）、羟基自由基（·OH）等	$H_2O_2 + 2GSH \to 2H_2O + GSSG$ $GSH + \cdot OH \to H_2O + GS^-$	原生质体、叶绿体、细胞质、线粒体、过氧化物酶体、液泡
维生素E（α-tocopherol）	对细胞膜脂质过氧化产物进行解毒并保护膜脂	$\alpha\text{-tocopherol} + LOO^{\cdot} \to \alpha\text{-tocophrol}^- + LOOH$	大部分在细胞膜
胡萝卜素（Carotenoids）	消灭来自光系统、光收集复合体的多余能量		叶绿体和其他非绿色质体
黄酮类化合物（Flavonoids）	清除过氧化氢（H_2O_2）、单态氧（$^1O_2$）和羟基自由基（·OH）		液泡
脯氨酸（Proline）	有效清除单态氧（$^1O_2$）和羟基自由基（·OH）并防止脂质过氧化造成的损害		叶绿体、胞质溶胶、线粒体

5.3 硅在盐碱地中的应用

5.3.1 硅肥施用在盐碱地中对作物产量的提升作用

在盐碱胁迫条件下，当前各项研究表明，硅肥施用对作物产量有显著提升作用。既有研究大部分通过添加盐（40～300mmol·L^{-1}）来模拟盐碱胁迫条件，采用硅酸钙、硅酸钾、硅酸钠、纳米硅、单硅酸等作为外源添加硅开展试验。对上述文献进行统计（图5-1），硅肥对所有作物产量/生物量的提升效果平均值为76.14%（n=70，中位数为38.38%），对粮食作物为38.08%（n=15，中位数为22.11%），对经济作物为86.52%（n=55，中位数53.86%）。仅有一例案例出现硅肥在盐碱胁迫下降低作物产量（Korkmaz et al., 2018），该案例出现在过量硅施用条件下。以上研究大多采用室内模拟方法，在山东高青县利用无人机航化喷施作业进行单硅酸施用取得增产效果为53.52%（图5-2，文后彩图2）。

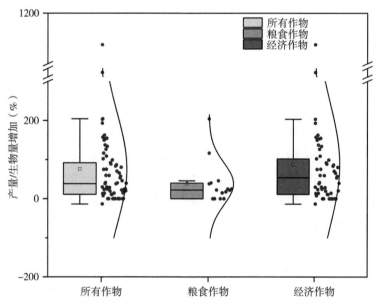

图 5-1　硅肥在盐碱胁迫下对作物生物量或产量的影响

（根据以下文献进行整理：Ali et al., 2019；ALKahtani et al., 2021；Ashraf et al., 2010；Ashraf et al., 2009；Costan et al., 2020；Elsheery et al., 2020；Farouk et al., 2020；Farooq et al., 2019；Hashemi et al., 2010；Javaid et al., 2019；Korkmaz et al., 2018；Laifa et al., 2021；Lee et al., 2010；Li et al., 2015；Moussa et al., 2006；Mushtaq et al., 2020；Qin et al., 2016；Romero-Aranda et al., 2006；Siddiqui et al., 2014；Yan et al., 2020；Yan et al., 2021；Yeo et al., 1999；Zhu et al., 2004；当硅肥处理与对照产量或生物量之间显著差异性不明显时，表示为0%）

5.3.2 硅肥施用量与盐碱胁迫缓解效应的关系

硅肥对盐碱胁迫的缓解作用随硅肥施用量变化而变化，在当前研究中，这一变化主要表现出两种变化模式：一种是"线性增加"模式，即随着硅肥施用量增加作物盐碱胁迫的缓解效应逐渐增加，高施用量的作用效果总是高于低浓度的作用效果；另一种是"单峰变化"模式，即随着硅肥施用量增加作物盐碱胁迫的缓解效应先增加，后随着施用量进一步提升而降低。图5-3（文后彩图3）展示了通过试验观测观察到的两种变化模式。除图示案例外，Siddiqui等（2014）观测到纳米二氧化硅对根干重影响复合"线性增加"模式，而对于冠层干重的影响符合"单峰变化"模式。在低浓度区间，硅缓解盐碱胁迫的作用随着浓度升高而升高相对易于理解，因为这可能与硅的各种抗逆效果增强有关，但关于高浓度硅肥出现的盐碱胁迫缓解效应降低的原因尚未有相关研究予以详细揭示。可以确定的是，为发挥硅肥缓解盐碱胁迫的最佳效果，需要对不同类型硅肥最佳抗盐碱浓度进行试验确定，过高的施用量和施用浓度有可能降低抗盐碱效果，并且增加施用成本。

5.3.3 硅肥施用方式与盐碱胁迫缓解效应的关系

硅肥的主要施用方式有土壤施用和叶面施用，对于传统枸溶性硅肥，往往需要大量的硅肥投入才能产生抗逆效果（$1 \sim 3t \cdot hm^{-2}$），这是因为所施用的枸溶性硅肥只有少量能转化为单硅酸被植物吸收利用（Laane et al., 2018），而水溶性硅肥的产生使得叶面施用成为可能。相比于土壤施用，在大多数作物上叶面施用硅肥是一种低成本、更方便的施用方式（Deshmukh et al., 2017；Laane et al., 2018）。其能有效规避硅元素在土壤中错综复杂的转化过程和随水流失等无效化过程，通过磷脂双分子层和叶片气孔进入植株体内为作物所吸收利用。Farouk等（2020）以硅酸钠为试验材料（Si, $100mg \cdot kg^{-1}$），在盆栽条件下对比研究了叶面喷施（$100mg \cdot L^{-1}$）、土壤施用（$100mg \cdot kg^{-1}$）和叶面喷施（$100mg \cdot L^{-1}$）+土壤施用（$100mg \cdot kg^{-1}$）三种施用方式对罗勒盐碱胁迫的缓解效应。研究结果表明，叶面喷施具有最好的效果，相比于其他施用方式，叶面喷施在提高植物K^+含量和K^+/Na^+方面，引发更多的渗透液积累，减少MDA等物质的积累。Hurtado等（2020）则以高粱（高硅积累植物）、向日葵（中等硅积累植物）为研究对象进行了叶面喷施（$28.6 mmol \cdot L^{-1}$）、根系施用（$2mmol \cdot L^{-1}$）及其配合施用的效果，结果表明不同的施用方式都可以起到缓解盐碱胁迫的作用，但叶片喷施和土壤施用相结合可以起到更佳的盐碱胁迫缓解效果，在高硅积累作物中，土壤施用应该更为充足。其分析指出，不同施用方式的抗盐碱效果可能与硅肥的吸收量有关，叶面喷施条件下，硅的吸收量相对较少（$< 1kg \cdot hm^{-2}$），而通过土壤施用可增加作物的硅吸收量。由此可见，在盐碱胁迫缓解中，不同硅肥施用方式的缓解效果可能与作物类型和土壤状况相

关，不同硅肥施用方式可使得作物积累不同的硅含量，对于硅积累量较大作物和含硅量较少的土壤，在叶面补充硅元素的同时通过土壤施用硅是必要的。

5.4 小结

土壤盐碱化通过离子胁迫、渗透胁迫和氧化胁迫对作物生产力形成影响，而硅元素外质体运输抑制、多胺阻断和钠、钾离子运输调控理论等途径缓解离子胁迫，通过水通道蛋白数量和活性的提高、细胞膨压和气孔调节以及冠层发育的促进缓解盐碱条件下的渗透胁迫，通过直接或间接地提高作物抗氧化胁迫能力缓解氧化胁迫。以此通过三方面胁迫的缓解最终提高盐碱条件下作物生产力。盐碱胁迫下硅元素的作用效果与硅元素投入量和形态有密切关系，硅元素投入量与盐碱胁迫下作物干物质产量具有"线性增加"和"单峰变化"两种模式，而不同形态的硅肥可能因为具有不同的有效性影响硅元素投入量。

（本章主著：陈保青）

参考文献

李红梅，万小荣，何生根，2010.植物水孔蛋白最新研究进展［J］.生物化学与生物物理进展，37（1）：29-35.

宋永骏，刁倩楠，齐红岩，2012.多胺代谢与植物抗逆性研究进展［J］.中国蔬菜（18）：36-42.

王甜甜，郝怀庆，冯雪，等，2018.植物HKT蛋白耐盐机制研究进展［J］.植物学报，53（5）：710-725.

王遵亲，祝寿泉，俞仁培，等，1993.中国盐渍土［M］.北京：科学出版社.

吴雪，杜长霞，杨冰冰，等，2015.植物水通道蛋白研究综述［J］.浙江农林大学学报，32（5）：789-796.

吴月茹，王维真，王海兵，等，2011.采用新电导率指标分析土壤盐分变化规律［J］.土壤学报，48（4）：869-873.

郗金标，张福锁，田长彦，2006.新疆盐生植物［M］.北京：科学出版社.

张俊莲，张金文，陈正华，等，2005.植物 Na$\sim$+/H$\sim$+ 逆向转运蛋白与植物耐盐性的研究进展［J］.草原与草坪（4）：3-8.

朱建峰，崔振荣，吴春红，等，2018.我国盐碱地绿化研究进展与展望［J］.世界林业研究，31（4）：70-75.

ALCÁZAR R, ALTABELLA T, MARCO F, et al., 2010. Polyamines: molecules with regulatory functions in plant abiotic stress tolerance[J]. Planta, 231: 1237-1249.

ALI A, KHAN S U, QAYYUM A, et al., 2019. Silicon and thiourea mediated stimulation of salt tolerance varying between three fodder beet (*Beta vulgaris* L.) genotypes[J]. Applied Ecology & Environmental Research, 17(5): 10781–10791.

ALKAHTANI M, HAFEZ Y, ATTIA K, et al., 2021. *Bacillus thuringiensis* and silicon modulate antioxidant metabolism and improve the physiological traits to confer salt tolerance in lettuce[J]. Plants, 10(5): 1025.

ALZAHRANI Y, KUŞVURAN A, ALHARBY H F, et al., 2018. The defensive role of silicon in wheat against stress conditions induced by drought, salinity or cadmium[J]. Ecotoxicology and Environmental Safety, 154: 187–196.

AMAKOR X N, JACOBSON A R, CARDON G E, et al., 2014. A comparison of salinity measurement methods based on soil saturated pastes[J]. Geoderma, 219: 32–39.

APSE M P, AHARON G S, SNEDDEN W A, et al., 1999. Salt tolerance conferred by overexpression of a vacuolar Na^+/H^+ antiport in Arabidopsis[J]. Science, 285(5431): 1256–1258.

ASHRAF M, AHMAD R, BHATTI A S, et al., 2010. Amelioration of salt stress in sugarcane (*Saccharum officinarum* L.) by supplying potassium and silicon in hydroponics[J]. Pedosphere, 20(2): 153–162.

ASHRAF M, RAHMATULLAH, AHMAD R, et al., 2009. Potassium and silicon improve yield and juice quality in sugarcane (*Saccharum officinarum* L.) under salt stress[J]. Journal of Agronomy and Crop Science, 195(4): 284–291.

BOSNIC P, BOSNIC D, JASNIC J, et al., 2018. Silicon mediates sodium transport and partitioning in maize under moderate salt stress[J]. Environmental and Experimental botany, 155: 681–687.

BOURSIAC Y, BOUDET J, POSTAIRE O, et al., 2008. Stimulus–induced downregulation of root water transport involves reactive oxygen species–activated cell signalling and plasma membrane intrinsic protein internalization[J]. The Plant Journal, 56(2): 207–218.

CHRISPEELS M J, MAUREL C, 1994. Aquaporins: the molecular basis of facilitated water movement through living plant cells[J]. Plant Physiology, 105(1): 9.

CORNIC G, 2000. Drought stress inhibits photosynthesis by decreasing stomatal aperture– not by affecting ATP synthesis[J]. Trends in Plant Science, 5(5): 187–188.

COSKUN D, DESHMUKH R, SONAH H, et al., 2019. The controversies of silicon's role in plant biology[J]. New Phytologist, 221(1): 67–85.

COSTAN A, STAMATAKIS A, CHRYSARGYRIS A, et al., 2020. Interactive effects of salinity and silicon application on *Solanum lycopersicum* growth, physiology and shelf - life of fruit produced hydroponically[J]. Journal of the Science of Food and Agriculture, 100(2): 732–743.

DAS P, MANNA I, BISWAS A K, et al., 2018. Exogenous silicon alters ascorbate–

glutathione cycle in two salt-stressed indica rice cultivars (MTU 1010 and Nonabokra)[J]. Environmental Science and Pollution Research, 25: 26625-26642.

DE LACERDA C F, CAMBRAIA J, OLIVA M A, et al., 2003. Solute accumulation and distribution during shoot and leaf development in two sorghum genotypes under salt stress[J]. Environmental and Experimental Botany, 49(2): 107-120.

DESHMUKH R, MA J R B, 2017. Editorial: role of silicon in plants[J]. Frontiers in Plant Science, 8: 1858.

ELSHEERY N I, HELALY M N, EL-HOSEINY H M, et al., 2020. Zinc oxide and silicone nanoparticles to improve the resistance mechanism and annual productivity of salt-stressed mango trees[J]. Agronomy, 10(4): 558.

FARHANGI-ABRIZ S, TORABIAN S, 2018. Nano-silicon alters antioxidant activities of soybean seedlings under salt toxicity[J]. Protoplasma, 255: 953-962.

FAROOQ M A, SAQIB Z A, AKHTAR J, et al., 2019. Protective role of silicon (Si) against combined stress of salinity and boron (B) toxicity by improving antioxidant enzymes activity in rice[J]. Silicon, 11: 2193-2197.

FAROUK S, ELHINDI K M, ALOTAIBI M A, 2020. Silicon supplementation mitigates salinity stress on *Ocimum basilicum* L. via improving water balance, ion homeostasis, and antioxidant defense system[J]. Ecotoxicology and Environmental Safety, 206: 111396.

Food and Agricultural Organization. 2015. Status of the world's soil resources[R]. FAO, Rome.

GARCIADEBLÁS B, SENN M E, BAÑUELOS M A, et al., 2003. Sodium transport and HKT transporters: the rice model[J]. The Plant Journal, 34(6): 788-801.

GONG H J, RANDALL D P, FLOWERS T J, 2006. Silicon deposition in the root reduces sodium uptake in rice (*Oryza sativa* L.) seedlings by reducing bypass flow[J]. Plant, Cell & Environment, 29(10): 1970-1979.

HASANUZZAMAN M, NAHAR K, ROHMAN M M, et al., 2018. Exogenous silicon protects Brassica napus plants from salinity-induced oxidative stress through the modulation of AsA-GSH pathway, thiol-dependent antioxidant enzymes and glyoxalase systems[J]. Gesunde Pflanzen, 70(4): 185-194.

HASHEMI A, ABDOLZADEH A, SADEGHIPOUR H R, 2010. Beneficial effects of silicon nutrition in alleviating salinity stress in hydroponically grown canola, brassica napus l[J]. Plants[J]. Soil Science & Plant Nutrition, 56(2): 244-253.

HOPMANS J W, QURESHI A S, KISEKKA I, et al., 2021. Critical knowledge gaps and research priorities in global soil salinity[J]. Advances in Agronomy, 169: 1-191.

HURTADO A C, CHICONATO D A, de MELLO PRADO R, et al., 2020. Different methods of silicon application attenuate salt stress in sorghum and sunflower by modifying the antioxidative defense mechanism[J]. Ecotoxicology and Environmental Safety, 203: 110964.

JAVAID T, FAROOQ M A, AKHTAR J, et al., 2019. Silicon nutrition improves growth of salt-stressed wheat by modulating flows and partitioning of Na^+, Cl^- and mineral ions[J]. Plant Physiology and Biochemistry, 141: 291–299.

JIANG Z, ZHOU X, TAO M, et al., 2019. Plant cell-surface GIPC sphingolipids sense salt to trigger Ca^{2+} influx[J]. Nature, 572(7769): 341–346.

KORKMAZ A, KARAGÖL A, AKıNOĞLU G, et al., 2018. The effects of silicon on nutrient levels and yields of tomatoes under saline stress in artificial medium culture[J]. Journal of Plant Nutrition, 41(1): 123–135.

LAANE H, 2018. The effects of foliar sprays with different silicon compounds[J]. Plants, 7(2): 45.

LAIFA I, HAJJI M, FARHAT N, et al., 2021. Beneficial effects of silicon (Si) on sea barley (*Hordeum marinum* huds.) under salt stress[J]. Silicon, 13(12): 4501–4517.

LEE S K, SOHN E Y, HAMAYUN M, et al., 2010. Effect of silicon on growth and salinity stress of soybean plant grown under hydroponic system[J]. Agroforestry Systems, 80: 333–340.

LI H, ZHU Y, HU Y, et al., 2015. Beneficial effects of silicon in alleviating salinity stress of tomato seedlings grown under sand culture[J]. Acta Physiologiae Plantarum, 37: 1–9.

LIANG Y, ZHANG W, CHEN Q, et al., 2005. Effects of silicon on H^+-ATPase and H^+-PPase activity, fatty acid composition and fluidity of tonoplast vesicles from roots of salt-stressed barley (*Hordeum vulgare* L.)[J]. Environmental and Experimental Botany, 53(1): 29–37.

LUTTS S, MAJERUS V, KINET J M, 1999. NaCl effects on proline metabolism in rice (*Oryza sativa*) seedlings[J]. Physiologia Plantarum, 105(3): 450–458.

MÄSER P, HOSOO Y, GOSHIMA S, et al., 2002. Glycine residues in potassium channel-like selectivity filters determine potassium selectivity in four-loop-per-subunit HKT transporters from plants[J]. Proceedings of the National Academy of Sciences, 99(9): 6428–6433.

MATOH T, KAIRUSMEE P, TAKAHASHI E, 1986. Salt-induced damage to rice plants and alleviation effect of silicate[J]. Soil Science and Plant Nutrition, 32(2): 295–304.

MOUSSA H R, 2006. Influence of exogenous application of silicon on physiological response of salt-stressed maize (*Zea mays* L.)[J]. Int. J. Agric. Biol, 8(3): 293–297.

MUNNS R, TESTER M, 2008. Mechanisms of salinity tolerance[J]. Annu. Rev. Plant Biol., 59: 651–681.

MUSHTAQ A, KHAN Z, KHAN S, et al., 2020. Effect of silicon on antioxidant enzymes of wheat (*Triticum aestivum* L.) Grown under salt stress[J]. Silicon, 12: 2783–2788.

PEI Z F, MING D F, LIU D, et al., 2010. Silicon improves the tolerance to water-deficit stress induced by polyethylene glycol in wheat (*Triticum aestivum* L.) seedlings[J]. Journal of Plant Growth Regulation, 29: 106-115.

QIN L, KANG W, QI Y, et al., 2016. The influence of silicon application on growth and photosynthesis response of salt stressed grapevines (*Vitis vinifera* L.)[J]. Acta Physiologiae Plantarum, 38: 1-9.

RHOADES J D, 1996. Salinity: Electrical conductivity and total dissolved solids[J]. Methods of Soil Analysis: Part 3 Chemical Methods, 5: 417-435.

RIOS J J, MARTÍNEZ-BALLESTA M C, RUIZ J M, et al., 2017. Silicon-mediated improvement in plant salinity tolerance: the role of aquaporins[J]. Frontiers in Plant Science, 8: 254076.

ROMERO-ARANDA M R, JURADO O, CUARTERO J, 2006. Silicon alleviates the deleterious salt effect on tomato plant growth by improving plant water status[J]. Journal of Plant Physiology, 163(8): 847-855.

RUBIO F, GASSMANN W, SCHROEDER J I, 1995. Sodium-driven potassium uptake by the plant potassium transporter HKT1 and mutations conferring salt tolerance[J]. Science, 270(5242): 1660-1663.

SALEH J, NAJAFI N, OUSTAN S, et al., 2019. Silicon affects rice growth, superoxide dismutase activity and concentrations of chlorophyll and proline under different levels and sources of soil salinity[J]. Silicon, 11: 2659-2667.

SIDDIQUI M H, AL WHAIBI M H, FAISAL M, et al., 2014. Nano-silicon dioxide mitigates the adverse effects of salt stress on *Cucurbita pepo* L[J]. Environmental Toxicology and Chemistry, 33(11): 2429-2437.

TUNA A L, KAYA C, HIGGS D, et al., 2008. Silicon improves salinity tolerance in wheat plants[J]. Environmental and Experimental Botany, 62(1): 10-16.

WANG S, LIU P, CHEN D, et al., 2015. Silicon enhanced salt tolerance by improving the root water uptake and decreasing the ion toxicity in cucumber[J]. Frontiers in Plant Science, 6: 759.

YAN G, FAN X, PENG M, et al., 2020. Silicon improves rice salinity resistance by alleviating ionic toxicity and osmotic constraint in an organ-specific pattern[J]. Frontiers in Plant Science, 11: 524078.

YAN G, FAN X, ZHENG W, et al., 2021. Silicon alleviates salt stress-induced potassium deficiency by promoting potassium uptake and translocation in rice (*Oryza sativa* L.)[J]. Journal of Plant Physiology, 258: 153379.

YEO A R, FLOWERS S A, RAO G, et al., 1999. Silicon reduces sodium uptake in rice (*Oryza sativa* L.) in saline conditions and this is accounted for by a reduction in the transpirational bypass flow[J]. Plant, Cell & Environment, 22(5): 559-565.

YIN L, WANG S, LI J, et al., 2013. Application of silicon improves salt tolerance through ameliorating osmotic and ionic stresses in the seedling of Sorghum bicolor[J]. Acta Physiologiae Plantarum, 35: 3099-3107.

YIN L, WANG S, TANAKA K, et al., 2016. Silicon-mediated changes in polyamines participate in silicon - induced salt tolerance in *Sorghum bicolor* L.[J]. Plant, Cell & Environment, 39(2): 245-258.

YIN L, WANG S, TANAKA K, et al., 2016. Silicon - mediated changes in polyamines participate in silicon-induced salt tolerance in *Sorghum bicolor* L.[J]. Plant, Cell & Environment, 39(2): 245-258.

ZEPEDA-JAZO I, VELARDE-BUENDÍA A M, ENRÍQUEZ-FIGUEROA R, et al., 2011. Polyamines interact with hydroxyl radicals in activating Ca^{2+} and K^+ transport across the root epidermal plasma membranes[J]. Plant Physiology, 157(4): 2167-2180.

ZHAO F, SONG C, HE J, et al., 2007. Polyamines improve K^+/Na^+ homeostasis in barley seedlings by regulating root ion channel activities[J]. Plant Physiology, 145(3): 1061-1072.

ZHU Y, XU X, HU Y, et al., 2015. Silicon improves salt tolerance by increasing root water uptake in *Cucumis sativus* L.[J]. Plant Cell Reports, 34: 1629-1646.

ZHU Z, WEI G, LI J, et al., 2004. Silicon alleviates salt stress and increases antioxidant enzymes activity in leaves of salt-stressed cucumber (*Cucumis sativus* L.)[J]. Plant Science, 167(3): 527-533.

第六章
硅对重金属污染的缓解效应

预计到2050年世界人口将超过90亿，人口的增长对高质量食物和水的供应提出了更高要求（Godfray等，2010; McBratney et al., 2014），Dubois的相关研究指出（Dubois, 2011），与2009年的产量水平相比，到2050年全球粮食产量将增长70%，发展中国家将增长100%。粮食安全被定义为"粮食的可获取性、流通性、可利用性和供应的稳定性"。土壤重金属污染会通过两方面影响粮食安全，一方面污染物的毒性会降低作物产量，另一方面会导致生产的作物不安全而无法食用（FAO和ITPS, 2015）。

重金属指的是原子质量相对较高的金属元素，如铅（Pb）、镉（Cd）、铜（Cu）、汞（Hg）、锡（Sn）和锌（Zn）等（Kemp, 1998）。这些元素在土壤中的天然浓度比较低。它们中有许多是植物、动物和人类所必需的微量元素，但是高浓度可能造成植物毒性并损害人类健康，因为它们具有不可生物降解的性质，容易造成在组织和生物体中积累。重金属的主要人为来源是工业区、矿山尾矿、重金属废物的处置、含铅汽油和油漆、化肥的应用、动物粪肥、污水污泥、农药、废水灌溉、煤炭燃烧残渣、石化产品的泄漏和各种来源的大气沉降（Alloway, 2013）。随着工农业的快速发展，土壤重金属污染已经成为许多国家面临的一大难题。据2014年我国环境保护部和国土资源部发布的《全国土壤污染状况调查公报》，全国土壤污染总的超标率为16.1%，其中无机污染物超标点位数占全部超标点位的82.8%，是土壤污染的主要类型。镉、汞、砷、铜、铅、铬、锌和镍8种无机污染物点位超标率分别为7.0%、1.6%、2.7%、2.1%、1.5%、1.1%、0.9%和4.8%。2021年《中国生态环境状况公报》指出，当前影响农用地土壤环境质量的主要污染物是重金属，其中镉为首要污染物。本章详细描述了重金属危害的机理、硅元素对重金属的缓解机理和硅元素在重金属污染胁迫缓解中应用，以期为应用硅元素进行重金属污染防控提供理论和技术支撑，并为逆境非常规养分理论提供证明案例。

6.1 重金属对植物和食物链的危害机理

重金属是自然界中难治理的一类最持久、最复杂的污染物。它们不仅会降低大气、水体和粮食作物的质量，而且还会威胁动物和人类的健康和福祉。因为金属与大多数有机化合物不同，它们不会被代谢分解，所以它们会在生物体组织中积累。在重金属中，Zn、Ni、Co、Cu对植物的毒性相对较大，As、Cd、Pb、Cr、Hg对高等动物的毒性相对较大（McBride, 1994）。

土壤中砷、镉、铅和汞等过量重金属会损害植物代谢，降低作物产量，从而最终对可耕地造成压力。当这些重金属进入食物链后，它们还对粮食安全、水资源、农村生计和人类健康构成危害。金属在地上组织中的吸收和转运受植物遗传和生理差异的制约（Chen, Li and Shen, 2004），还受土壤中金属浓度及暴露时间影响（Rizwan et al., 2017; Tőzsér et al., 2017）。一旦重金属元素进入植物组织，它们可能会干扰植物的多个代谢过程，减缓植物生长，产生毒性，并最终导致植物死亡。在重金属污染环境中，作物表现出生长减少和重金属积累增高的现象（Liang et al., 2007），其中对于作物生长的影响有可能通过多种途径实现，例如降低发芽率、氧化损伤、降低根和芽伸长率、与蛋白质硫基结合扰乱其他必需元素的摄取、改变糖和蛋白质的代谢等（Ahmad and Ashraf, 2011）。相关研究指出，高浓度的铅可以加速活性氧类物质的产生，造成植物脂膜和叶绿素损坏，进而导致光合过程和植物整体生长的改变（Najeeb et al., 2017）。镉可以在不同的食用组织中积累（Baldantoni et al., 2016），导致根、茎和叶生长减慢，降低净光合作用和水分利用效率，并改变养分吸收（Rizwan et al., 2017）。

土壤吸附能力对重金属和类金属的生物有效性有重要影响。土壤生物和植物只对离子形态的金属发生生物吸附。许多金属以简单的阳离子形式出现（表6-1），但像As和Cr等金属则会形成更复杂的含氧阴离子。金属可以吸附在土壤中极细的有机物颗粒（腐殖质）、黏土矿物、铁锰氧化物和一些低溶性盐类如碳酸钙的表面（Morgan, 2013）。在黏土矿物和放射性核素之间也观察到类似的关系（van der Graaf et al., 2007）。金属还通过与有机分子的相互作用形成复杂的化合物；铜对于形成这种化合物具有特殊的亲和力（Morgan, 2013）。

表6-1 土壤金属污染物在土壤中的主要存在形态（Logan, 2000）

元素	符号	土壤中的主要形态
砷	As	AsO_3^{2-}、AsO_4^{3-}
镉	Cd	Cd^{2+}
铬	Cr	Cr^{3+}、CrO_4^{2-}
铜	Cu	Cu^{2+}

续表

元素	符号	土壤中的主要形态
汞	Hg	Hg^{2+}、$(CH_3)_2Hg$
镍	Ni	Ni^{2+}
铅	Pb	Pb^{2+}
锌	Zn	Zn^{2+}

许多金属的吸附过程与 pH 值有关。非酸性土壤的吸附力最强，而酸性条件有利于金属解吸并释放回溶液中，由水饱和引起的厌氧条件也会导致某些金属的解吸。通过施用石灰、添加堆肥、污水污泥、粪肥和工业活动的副产品等有机和无机改性剂可增加结合位点的数量和改变土壤的 pH 值，对降低土壤中重金属的生物利用率非常有效（Knox et al., 2001；Puschenreiter et al., 2005）。我国国家标准《土壤环境质量农用地土壤污染风险管控标准》（GB 15618—2018）中规定了不同重金属在不同土壤 pH 值下的风险筛选值和风险管制值（表 6-2），当土壤中污染物含量等于或低于风险筛选值时，农用地土壤污染一般可以忽略，高于风险筛选值，低于风险管制值时，可能存在施用农产品不符合质量安全标准的土壤污染风险，应采用农艺调控等安全利用措施，当重金属污染高于风险管制值时，原则上应当采取禁止种植食用农产品等严格管控措施。

表 6-2 我国关于镉和铬的风险筛选值和管制值界定

	农用地类型	风险筛选值（元素量，$mg \cdot kg^{-1}$）			
		$pH \leqslant 5.5$	$5.5 < pH \leqslant 6.5$	$6.5 < pH \leqslant 7.5$	$pH > 7.5$
镉	水田	0.3	0.4	0.6	0.8
	其他	0.3	0.3	0.3	0.6
铬	水田	250	250	300	350
	其他	150	150	200	250
		风险管制值（元素量，$mg \cdot kg^{-1}$）			
镉		1.5	2.0	3.0	4.0
铬		800	850	1 000	1 300

如果一种污染物在低浓度下对植物有很高的毒性，但是不易转移到芽、果实或块茎上对动物和人类造成危害，那么它就不太可能进入食物链并成为一种危害。Chaney 在大约 40 年前，把这个概念称为金属和类金属的"土壤—植物屏障"（Soil-Plant Barrier；Chaney, 1980）。根据对人类健康的危害，Chaney 定义了当污水污泥施用于土壤时会进入食物链的四类金属（表 6-3）。

表 6-3 金属/类金属通过植物吸附造成潜在食物链风险情况分类（Chaney, 1980）

第 1 类	第 2 类	第 3 类	第 4 类
银（Ag）	汞（Hg）	硼（B）	砷（As）
铬（Cr）	铅（Pb）	铜（Cu）	镉（Cd）
锡（Sn）		锰（Mn）	钴（Co）
钛（Ti）		钼（Mo）	钼（Mo）
钇（Y）		镍（Ni）	硒（Se）
锆（Zr）		锌（Zn）	铊（Tl）

第一类包含的元素为不能被植物吸收，对食物链污染风险较低的元素。因为它们在土壤中的溶解度低，所以被植物吸收和转移的可能性很小。在食物中这些元素浓度升高通常表明是土壤或粉尘的直接累积污染。第二类包含的元素为可以被土壤表面强烈吸收，且可能会被植物根系吸收，但是却不易被转移到可食用组织中的元素，因此对人类健康造成的风险极小。然而，如果被污染的土壤被直接摄入，这些元素可能会对食草动物（或人类）构成一定风险。第三类包含的元素是容易被植物吸收的元素，但其只对植物造成毒性影响，其浓度对人类健康无影响。从概念上讲，"土壤—植物屏障"保护食物链免受这些元素的污染。第四类由对食品链污染风险最高的元素组成，它们在一般植物组织浓度下对植物无毒性但却对人类或动物健康构成风险。Chaney 最初将 As 归类于第二类，但过去 20 年的研究表明，淹水土壤中的低氧化还原条件使得水稻种植农田面临着 As 通过食物链转移的风险。这样的条件提高了 As 的溶解度和被水稻吸收的能力，因此现在 As 被列为高危的第四类元素。砷和镉对土壤的污染可能是存在的对全球食物链最普遍的风险（Grant et al., 1999; McLaughlin et al., 1999），在东南亚大片地区的土壤都受到砷和镉的污染（Meharg, 2004; Hu et al., 2016）。

植物从土壤中吸收金属可能会对人体健康造成重大风险（Brevik, 2013; Burgess, 2013）。植物根系对重金属的吸收是重金属进入食物链的主要途径之一，其吸收程度因植物根系的不同而存在差异（Pan et al., 2010; Wagner, 1993）。镉和铅是对人类毒性最大的元素（Volpe et al., 2009）。食物是人类摄入镉的主要来源。日本的一个著名案例是，食用了被镉污染的大米，导致了一种被称为"痛痛病"的疾病（Abrahams, 2002）。通过食物摄取的镉能在怀孕期间穿透胎盘，破坏胎膜和 DNA，扰乱内分泌系统，并可诱发肾、肝和骨骼损伤（Brzóska and Moniuszko-Jakoniuk, 2005; Arroyo et al., 2012）。铅的毒性作用影响多个器官，可导致肝、肾、脾、肺的生化失衡，并引起神经毒性，主要发生在婴儿和儿童身上（Guerra et al., 2012）。有机汞化合物，尤其是甲基汞，被认为是有剧毒的。汞可引起人体神经和胃系统的病变，并可导致死亡。砷可经口或呼吸道被人体吸收，主要储存在肝脏、肾脏、心脏和肺中，少量积聚在肌肉和神经组织，并被定义为致癌物（Brevik，2013）。它会导致神经系统紊乱、肝肾衰竭以及贫血和皮肤癌。镍会引起胃、肝、肾缺陷并影响神经系统（Brevik，2013）。锌与贫血和组织病变有关。虽然铜的健康影响比较少，但如果长期接触，可能对婴儿的肝脏和肾脏造成损害（Brevik，2013）。

已经有越来越多的人意识到蔬菜和水果对人类饮食的重要性，并确认食品是许多污染物的重要来源，这表明应该定期监测粮食作物中的重金属污染情况。世界卫生组织和联合国粮食及农业组织制定了《食品法典》（WHO 和 FAO，1995），确定了水果、蔬菜、鱼类和渔业产品以及动物饲料中污染物的安全限值。

6.2 硅对重金属污染的缓解机理

6.2.1 降低土壤溶液中自由态镉浓度

硅可以改变重金属在土壤溶液中的化学形态，形成作物所无法吸收的硅与重金属复合物从而降低作物对重金属的吸收。Guo 等（2022）以水稻为研究对象，使用原位道南膜（DMT）技术，利用傅立叶变换红外光谱（FT-IR）、拉曼光谱（Raman）和 X 射线光电子能谱（XPS）分析表明 Cd 与 -O-Si-O- 间存在电子交换，形成了以 O-Si-O-Cd 为结构单元的 Cd-Si 复合物，改变了镉在碱性土壤溶液中的化学形态，形成了水稻无法吸收的水溶性硅-镉复合物，从而降低了镉的生物有效性，施硅使水稻产量提高 32%，糙米镉含量降低 52%，同时降低了土壤溶液中自由态镉浓度。

在形成重金属复合物的同时，一些研究表明硅肥可以通过影响土壤 pH 值而影响重金属的生物有效性。Li 等（2012）报道添加偏硅酸钠显著提高了土壤的 pH 值并降低了土壤中的可交换铅的比例。Zhang 等（2013）和 Lu 等（2014）报道，土壤中硅酸钠添加显著提高了土壤 pH 值，降低了镉和铬的生物有效性。但也有些研究表明，硅肥的施用在并未明显改变土壤 pH 值的条件下降低了重金属的生物有效性（da Cunha et al., 2008；Naeem et al., 2014）。这表明，硅肥对土壤溶液中重金属有效性的影响可能具有多种途径。

6.2.2 阻控重金属运输和区隔化

在降低土壤中重金属作物有效性的同时，硅可以降低重金属作物对重金属吸收和向地上部的运输。Ma 等（2015）研究发现，当环境中硅浓度较高时，硅的转运蛋白基因（*Lsi1*）表达会提升，而参与镉转运蛋白的基因表达会降低。采用 ICP-MS 分析细胞壁中 64% 的硅会与半纤维素部分结合，带有负电荷，与土壤中的镉形成硅-半纤维素-镉复合体，随后形成共沉积。硅-半纤维素与重金属复合体的形成会降低重金属向地上部的运输并改变重金属在植株中的分布。Naeem等（2014）的研究表明硅在小麦中的应用增加了镉在根系中的分布，而降低了镉向冠层和籽粒中的运输。在其他研究中，这一结论也被印证（Lukacova and Lux, 2010；Rizwan et al., 2012；Keller et al., 2015）。不仅在植株器官水平，在细胞水平也会产生类似的区隔化效应。区隔化效应会使得重金属分布在细胞壁等代谢活性较低的细胞壁上，从而避免重金属对细胞器的危害（Ye et al., 2012）。

6.2.3 生长改善与螯合作用

在硅的施用下，作物养分吸收、净光合速率、胞间二氧化碳浓度、气孔导度、生长速率和抗氧化酶等指标会得到显著改善，这有益于缓解重金属对作物造成的叶、根结构的变化，类囊体膜损伤、叶片淀粉颗粒结构紊乱、液泡大小和形状损伤等毒害作用（Shafaqat et al., 2013）。与此同时，更高的生物产量，会在植株水平上形成对重金属的"稀释效应"，使得在同样重金属植株吸收量的条件下对植株产生更低危害（Adrees et al., 2015）。硅元素的应用不仅能够形成强壮的植株结构和生物量，而且增加有机硅肥施用可以增加黄酮类和有机酸等物质的产量（Barcelo et al.,1993；Keller et al., 2015；Collin et al., 2014），这些物质可能通过与重金属离子之间发生螯合作用而降低重金属离子对作物的危害。

6.3 硅在缓解重金属胁迫中的应用

6.3.1 硅元素对重金属污染胁迫下作物生物量的影响

当前多项研究表明，在重金属胁迫条件下，硅肥施用对作物产量和生物量均有显著提升作用（图6-1）。既有研究大部分采用硅酸钙、硅酸钾、硅酸钠、纳米硅、硅凝胶、单硅酸等作为外源添加硅开展试验。对上述文献进行统计，硅肥对所有作物产量/生物量的提升效果平均值为37.83%（$n=502$，中位数为14.21%），对粮食作物为34.32%（$n=430$，中位数为12.75%），对经济作物为58.80%（$n=72$，中位数为22.01%）。在少部分研究中，发现硅肥施用对作物产量/生物量有抑制效果（Wang et al., 2020; Nwugo et al., 2008; Gong et al., 2003; Li et al., 2019），相应的抑制效果发生在高浓度硅肥施用量下。这些研究结果表明，在大多数重金属胁迫条件下，硅肥施用可以提高作物生物量，但硅肥高投入量可能抑制作物生物量提高。

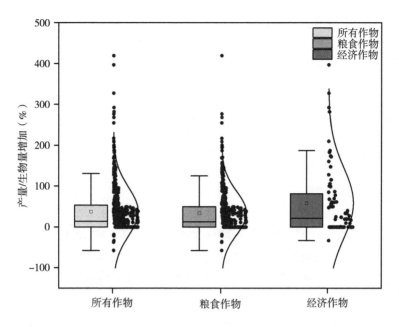

图 6-1 硅肥在重金属胁迫下对作物生物量或产量的影响

（根据以下文献进行整理：Ali et al., 2013；Ashfaque et al., 2017；Babu and Nagabovanalli, 2017；Barcelo et al., 1993；Chen et al., 2019；Chen et al., 2019；Corrales., 1997；Das et al., 2021；De Oliveira et al., 2019；De Sousa et al., 2019；Dos Santos et al., 2020；Dragišić Maksimović et al., 2007；Dragišić Maksimovi ć et al., 2012；Feng et al., 2010；Galvez et al., 1989；Guo et al., 2005；Guo et al., 2007；Heile et al., 2021；Horst and Marschner, 1978；Hu et al., 2013；Hussain et al., 2020；Inal., 2009；Iwasaki and Matsumura, 1999；Jan et al., 2018；Kaya et al., 2009；Li et al., 2012；Li et al., 2012；Li et al., 2019；Liang., 2001；Liang., 2005；Lin et al., 2016；Liu et al., 2017；Mapodzeke et al., 2021；Ning et al., 2016a；Ning et al., 2016b；Nwugo and Huerta, 2008；Rehman et al., 2019；Seyfferth et al., 2016；Tripathi et al., 2012；Tripathi et al., 2013；Vaculík et al., 2009；Vega et al., 2020；Wang et al., 2020；Wang et al., 2016；Wang., 2015；Wang et al., 2016；Wu et al., 2015；Wu et al., 2016；Xiao et al., 2016；Xiao et al., 2021；Yang et al., 1999；You-Qiang et al., 2012；Zaman et al., 2021；Zhang et al., 2008）

6.3.2 硅肥投入量与缓解重金属胁迫效应的关系

在重金属胁迫效应缓解中，硅肥投入量并不是越大越好，硅肥投入量与重金属抑制效果可能具有两种关系类型（图 6-2）。一种是单峰曲线类型，Wang 等（2020）的研究以钢渣硅为硅源，以叶菜为被试作物，在 6 个施用浓度下，发现钢渣硅与土壤比为 0.4% 时镉吸收量达到最高，随后下降。Zaman 等（2021）的研究以硅酸钙、硅酸钠、硅酸钾为硅源，以水稻为被试作物，在 5 个叶面施用浓度下，发现硅施用量与植株中镉浓度成反比，并且在不同植物器官中呈现根＞茎＞籽粒。

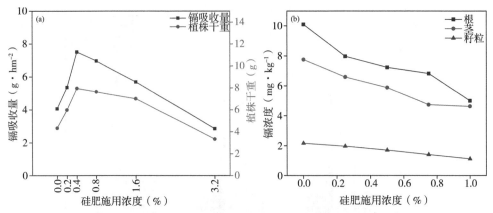

图 6-2　硅肥投入量与缓解重金属胁迫效应的两种关系类型

（a. 单峰曲线类型，根据 Wang 等（2020）文献报道数据整理；
b. 直线类型，根据 Zaman 等（2021）文献报道数据整理）

6.4　小结

重金属污染是当前农业生产中面临的最为突出和严重的土壤污染类型，其对作物产量和安全性具有严重影响。本章探讨了硅元素对重金属逆境胁迫的缓解机理和缓解效果，根据相关结果认为，硅元素在不同作物中可通过降低土壤溶液中自由态镉浓度、阻控重金属运输和区隔化和生长改善与螯合作用有效减轻重金属胁迫对作物产量的影响，并减少作物对重金属的摄入，但硅元素投入量与缓解重金属胁迫效应之间可能具有单峰型和直线型两种关系，在使用硅元素进行重金属污染防控时应进行精准的硅元素投入管理。

（本章主著：陈保青）

参考文献

ABRAHAMS P W, 2002. Soils: their implications to human health[J]. Science of the Total Environment, 291(1–3): 1–32.

ADREES M, ALI S, RIZWAN M, et al., 2015. Mechanisms of silicon-mediated alleviation of heavy metal toxicity in plants: a review[J]. Ecotoxicology and Environmental Safety, 119: 186–197.

AHMAD M S A, ASHRAF M, 2011. Essential roles and hazardous effects of nickel in plants[J]. Reviews of Environmental Contamination and Toxicology, 214: 125–167.

AHMAD W N, ULLAH N, MALIK Z, et al., 2017. Enhancing the lead phytostabilization in wetland plant *Juncus effusus* L. through somaclonal manipulation and edta enrichment[J]. Arabian Journal of Chemistry, 10: S3310–S3317.

ALI S, FAROOQ M A, YASMEEN T, et al., 2013. The influence of silicon on barley growth, photosynthesis and ultra-structure under chromium stress[J]. Ecotoxicology and Environmental Safety, 89: 66–72.

ALI S, FAROOQ M A, YASMEEN T, et al., 2013. The influence of silicon on barley growth, photosynthesis and ultra-structure under chromium stress[J]. Ecotoxicology and Environmental Safety, 89: 66–72.

ALLOWAY B J, 2013. Heavy metals in soils: trace metals and metalloids in soil sand their bioavailability[M]. Third edition. Springer Netherlands.

ARROYO V S, FLORES K M, ORTIZ L B, et al., 2012. Liver and cadmium toxicity[J]. J Drug Metab Toxicol S, 5(1): 1–7.

ASHFAQUE F, INAM A, INAM A, et al., 2017. Response of silicon on metal accumulation, photosynthetic inhibition and oxidative stress in chromium-induced mustard (*Brassica juncea* L.)[J]. South African Journal of Botany, 111: 153–160.

BABU T, NAGABOVANALLI P, 2017. Effect of silicon amendment on soil-cadmium availability and uptake in rice grown in different moisture regimes[J]. Journal of Plant Nutrition, 40(17): 2440–2457.

BALDANTONI D, MORRA L, ZACCARDELLI M, et al., 2016. Cadmium accumulation in leaves of leafy vegetables[J]. Ecotoxicology and Environmental Safety, 123: 89–94.

BARCELO J, GUEVARA P, POSCHENRIEDER C, 1993. Silicon amelioration of aluminium toxicity in teosinte (*Zea mays* L. ssp. *Mexicana*)[J]. Plant and Soil, 154: 249–255.

BARCELO J, GUEVARA P, POSCHENRIEDER C, et al., 1993. Silicon amelioration of aluminium toxicity in teosinte (*Zea mays* L. ssp. *Mexicana*)[J]. Plant and Soil, 154(2): 249–255.

BREVIK E C, 2013. Soils and human health: an overview[M]. Florida: CRC Press.

BRZÓSKA M M, MONIUSZKO-JAKONIUK J, 2005. Disorders in bone metabolism of female rats chronically exposed to cadmium[J]. Toxicology and Applied Pharmacology, 202(1): 68–83.

BURGESS L C, 2013. Organic pollutants in soil[J]. Soils and Human Health: 83–106.

CHANEY R L, 1980. Health risks associated with toxic metal in municipal sludge[J]. Sludge-Health Risks of Land Application: 59–83.

CHEN D, CHEN D, XUE R, et al., 2019. Effects of boron, silicon and their interactions on cadmium accumulation and toxicity in rice plants[J]. Journal of Hazardous Materials, 367: 447–455.

CHEN Y, LI X, SHEN Z, 2004. Leaching and uptake of heavy metals by ten different species of plants during an edta-assisted phytoextraction process[J]. Chemosphere,

57(3): 187-196.

CHEN Z, XU J, XU Y, et al., 2019. Alleviating effects of silicate, selenium, and microorganism fertilization on lead toxicity in ginger (*Zingiber officinale* Roscoe)[J]. Plant Physiology and Biochemistry, 145: 153-163.

COLLIN B, DOELSCH E, KELLER C, et al., 2014. Evidence of sulfur-bound reduced copper in bamboo exposed to high silicon and copper concentrations[J]. Environmental Pollution, 187: 22-30.

CORRALES I A U O, POSCHENRIEDER C, BARCELO J, 1997. Influence of silicon pretreatment on aluminium toxicity in maize roots[J]. Plant and soil, 190(2): 203-209.

DAS S, HWANG H Y, SONG H J, et al., 2021. Soil microbial response to silicate fertilization reduces bioavailable arsenic in contaminated paddies[J]. Soil Biology and Biochemistry, 159: 108307.

DE OLIVEIRA R L L, de MELLO PRADO R, FELISBERTO G, et al., 2019. Silicon mitigates manganese deficiency stress by regulating the physiology and activity of antioxidant enzymes in sorghum plants[J]. Journal of Soil Science and Plant Nutrition, 19(3): 524-534.

DE SOUSA A, SALEH A M, HABEEB T H, et al., 2019. Silicon dioxide nanoparticles ameliorate the phytotoxic hazards of aluminum in maize grown on acidic soil[J]. Science of the Total Environment, 693: 133636.

DOS SANTOS M S, SANGLARD L M V P, BARBOSA M L, et al., 2020. Silicon nutrition mitigates the negative impacts of iron toxicity on rice photosynthesis and grain yield[J]. Ecotoxicology and Environmental Safety, 189: 110008.

DRAGIŠIĆ MAKSIMOVIĆ J, BOGDANOVIĆ J, MAKSIMOVIĆ V, et al., 2007. Silicon modulates the metabolism and utilization of phenolic compounds in cucumber (*Cucumis sativus* L.) grown at excess manganese[J]. Journal of Plant Nutrition and Soil Science, 170(6): 739-744.

DRAGIŠIĆ MAKSIMOVIĆ J, MOJOVIĆ M, MAKSIMOVIĆ V, et al., 2012. Silicon ameliorates manganese toxicity in cucumber by decreasing hydroxyl radical accumulation in the leaf apoplast[J]. Journal of Experimental Botany, 63(7): 2411-2420.

DUBOIS O, 2011. The state of the world's land and water resources for food and agriculture: managing systems at risk[M]. London: Earthscan.

FENG J, SHI Q, WANG X, et al., 2010. Silicon supplementation ameliorated the inhibition of photosynthesis and nitrate metabolism by cadmium (cd) toxicity in *Cucumis sativus* L.[J]. Scientia Horticulturae, 123(4): 521-530.

GALVEZ L, CLARK R B, GOURLEY L M, et al., 1989. Effects of silicon on mineral composition of sorghum grown with excess manganese[J]. Journal of Plant Nutrition,

12(5): 547-561.

GODFRAY H C J, BEDDINGTON J R, CRUTE I R, et al., 2010. Food security: the challenge of feeding 9 billion people[J]. Science, 327(5967): 812-818.

GRANT C A, BAILEY L D, MCLAUGHLIN M J, et al., 1999. Management factors which influence cadmium concentrations in crops: a review[J]. Cadmium in Soils and Plants: 151-198.

GUERRA F, TREVIZAM A R, MURAOKA T, et al., 2012. Heavy metals in vegetables and potential risk for human health[J]. Scientia Agricola, 69(1): 54-60.

GUO L, CHEN A, LI C, et al., 2022. Solution chemistry mechanisms of exogenous silicon influencing the speciation and bioavailability of cadmium in alkaline paddy soil[J]. Journal of Hazardous Materials, 438: 129526.

GUO W, HOU Y L, WANG S G, et al., 2005. Effect of silicate on the growth and arsenate uptake by rice (*Oryza sativa* L.) seedlings in solution culture[J]. Plant and Soil, 272(1-2): 173-181.

GUO W, ZHU Y G, LIU W J, et al., 2007. Is the effect of silicon on rice uptake of arsenate (asv) related to internal silicon concentrations, iron plaque and phosphate nutrition[J]. Environmental Pollution, 148(1): 251-257.

HEILE A O, ZAMAN Q U, ASLAM Z, et al., 2021. Alleviation of cadmium phytotoxicity using silicon fertilization in wheat by altering antioxidant metabolism and osmotic adjustment[J]. Sustainability, 13(20): 11317.

HORST W J, MARSCHNER H, 1978. Effect of silicon on manganese tolerance of bean plants (*Phaseolus vulgaris* L.)[J]. Plant and Soil, 50: 287-303.

HU H, ZHANG J, WANG H, et al., 2013. Effect of silicate supplementation on the alleviation of arsenite toxicity in 93-11 (*Oryza sativa* L. *Indica*)[J]. Environmental Science and Pollution Research, 20(12): 8579-8589.

HU Y, CHENG H, TAO S, 2016. The challenges and solutions for cadmium-contaminated rice in China: a critical review[J]. Environment International, 92: 515-532.

HUSSAIN B, LIN Q, HAMID Y, et al., 2020. Foliage application of selenium and silicon nanoparticles alleviates Cd and Pb toxicity in rice (*Oryza sativa* L.)[J]. Science of the Total Environment, 712: 136497.

INAL A, PILBEAM D J, GUNES A, 2009. Silicon increases tolerance to boron toxicity and reduces oxidative damage in barley[J]. Journal of Plant Nutrition, 32(1-3): 112-128.

IWASAKI K, MATSUMURA A, 1999. Effect of silicon on alleviation of manganese toxicity in pumpkin (*Cucurbita moschata* Duch cv. *Shintosa*)[J]. Soil Science and Plant Nutrition, 45(4): 909-920.

JAN S, ALYEMENI M N, WIJAYA L, et al., 2018. Interactive effect of 24-epibrassinolide and silicon alleviates cadmium stress via the modulation of antioxidant defense and glyoxalase systems and macronutrient content in *Pisum sativum* L. seedlings[J]. BMC Plant Biology, 18(1): 146.

KAYA C, TUNA A L, SONMEZ O, et al., 2009. Mitigation effects of silicon on maize plants grown at high zinc[J]. Journal of Plant Nutrition, 32(10–12): 1788–1798.

KELLER C, RIZWAN M, DAVIDIAN J, et al., 2015. Effect of silicon on wheat seedlings (*Triticum turgidum* L.) grown in hydroponics and exposed to 0 to 30 μm Cu[J]. Planta, 241: 847–860.

KEMP D D, 1998. The environment dictionary[M]. London: Psychology Press.

LI L, ZHENG C, FU Y, et al., 2012. Silicate–mediated alleviation of Pb toxicity in banana grown in Pb–contaminated soil[J]. Biological Trace Element Research, 145: 101–108.

LI L, ZHENG C, FU Y, et al., 2012. Silicate–mediated alleviation of Pb toxicity in banana grown in Pb–contaminated soil[J]. Biological Trace Element Research, 145(1): 101–108.

LI P, SONG A, LI Z, et al., 2012. Silicon ameliorates manganese toxicity by regulating manganese transport and antioxidant reactions in rice (*Oryza sativa* L.)[J]. Plant and Soil, 354(1–2): 407–419.

LI R, ZHOU Z, XU X, et al., 2019. Effects of silicon application on uptake of arsenic and phosphorus and formation of iron plaque in rice seedlings grown in an arsenic–contaminated soil[J]. Bulletin of Environmental Contamination and Toxicology, 103(1): 133–139.

LIANG Y, WONG J W C, WEI L, 2005. Silicon–mediated enhancement of cadmium tolerance in maize (*Zea mays* L.) grown in cadmium contaminated soil[J]. Chemosphere, 58(4): 475–483.

LIANG Y, YANG C, SHI H, 2001. Effects of silicon on growth and mineral composition of barley grown under toxic levels of aluminum[J]. Journal of Plant Nutrition, 24(2): 229–243.

LIN H, FANG C, LI Y, et al., 2016. Effect of silicon on grain yield of rice under cadmium–stress[J]. Acta Physiologiae Plantarum, 38(7): 1–13.

LIU C, LU W, MA Q, et al., 2017. Effect of silicon on the alleviation of boron toxicity in wheat growth, boron accumulation, photosynthesis activities, and oxidative responses[J]. Journal of Plant Nutrition, 40(17): 2458–2467.

LU H, ZHUANG P, LI Z, et al., 2014. Contrasting effects of silicates on cadmium uptake by three dicotyledonous crops grown in contaminated soil[J]. Environmental Science and Pollution Research, 21: 9921–9930.

LUKAOVÁ KULIKOVÁ Z, LUX A, 2010. Silicon influence on maize, *Zea mays* L., Hybrids exposed to cadmium treatment[J]. Bulletin of Environmental Contamination and Toxicology, 85: 243-250.

MA J, CAI H, HE C, et al., 2015. A hemicellulose - bound form of silicon inhibits cadmium ion uptake in rice (*Oryza sativa*) cells[J]. New Phytologist, 206(3): 1063-1074.

MAPODZEKE J M, ADIL M F, WEI D, et al., 2021. Modulation of key physio-biochemical and ultrastructural attributes after synergistic application of zinc and silicon on rice under cadmium stress[J]. Plants, 10(1): 87.

MCBRATNEY A, FIELD D J, KOCH A, 2014. The dimensions of soil security[J]. Geoderma, 213: 203-213.

MCBRIDE M B, 1994. Environmental chemistry of soils[M]. NewYork: Oxford University Press.

MCLAUGHLIN M J, PARKER D R, CLARKE J M, 1999. Metals and micronutrients-food safety issues[J]. Field Crops Research, 60(1-2): 143-163.

MEHARG A A, 2004. Arsenic in rice-understanding a new disaster for south-east asia[J]. Trends in Plant Science, 9(9): 415-417.

MORGAN R, 2013. Soil, heavy metals, and human health[M]. BocaRaton: CRC Press.

NAEEM A, SAIFULLAH, GHAFOOR A, et al., 2015. Suppression of cadmium concentration in wheat grains by silicon is related to its application rate and cadmium accumulating abilities of cultivars[J]. Journal of the Science of Food and Agriculture, 95(12): 2467-2472.

NING D, LIANG Y, LIU Z, et al., 2016a. Impacts of steel-slag-based silicate fertilizer on soil acidity and silicon availability and metals-immobilization in a paddy soil[J]. PLoS ONE, 11(12): e0168163.

NING D, LIANG Y, SONG A, et al., 2016b. In situ stabilization of heavy metals in multiple-metal contaminated paddy soil using different steel slag-based silicon fertilizer[J]. Environmental Science and Pollution Research, 23(23): 23638-23647.

NWUGO C C, HUERTA A J, 2008. Effects of silicon nutrition on cadmium uptake, growth and photosynthesis of rice plants exposed to low-level cadmium[J]. Plant and Soil, 311(1-2): 73-86.

PAN J, PLANT J A, VOULVOULIS N, et al., 2010. Cadmium levels in europe: implications for human health[J]. Environmental Geochemistry and Health, 32(1): 1-12.

PATRÍCIA VIEIRA DA CUNHA K, WILLIAMS ARAÚJO DO NASCIMENTO C, JOSÉ DA SILVA A, 2008. Silicon alleviates the toxicity of cadmium and zinc for maize (*Zea mays* L.) grown on a contaminated soil[J]. Journal of Plant Nutrition and Soil Science, 171(6): 849-853.

PUSCHENREITER M, HORAK O, FRIESL W, et al., 2005. Low-cost agricultural measures to reduce heavy metal transfer into the food chain-a review[J]. Plant Soil

Environment, 51(1): 1–11.

REHMAN M Z U, RIZWAN M, RAUF A, et al., 2019. Split application of silicon in cadmium (Cd) spiked alkaline soil plays a vital role in decreasing cd accumulation in rice (*Oryza sativa* L.) grains[J]. Chemosphere, 226: 454–462.

RIZWAN M, ALI S, ADREES M, et al., 2017. A critical review on effects, tolerance mechanisms and management of cadmium in vegetables[J]. Chemosphere, 182: 90–105.

RIZWAN M, MEUNIER J, MICHE H, et al., 2012. Effect of silicon on reducing cadmium toxicity in durum wheat (*Triticum turgidum* L. Cv. Claudio w.) grown in a soil with aged contamination[J]. Journal of Hazardous Materials, 209: 326–334.

ROME F, 2015. Status of the world's soil resources (swsr): main report[R]. Food and Agriculture Organization of the United Nations and Intergovernmental Technical Panel on Soils. Rome, FAO.

SEYFFERTH A L, MORRIS A H, GILL R, et al., 2016. Soil incorporation of silica-rich rice husk decreases inorganic arsenic in rice grain[J]. Journal of Agricultural and Food Chemistry, 64(19): 3760–3766.

SUMNER M E, 1999. Handbook of soil science[M]. Florida: CRC Press.

TRIPATHI D K, SINGH V P, KUMAR D, et al., 2012. Impact of exogenous silicon addition on chromium uptake, growth, mineral elements, oxidative stress, antioxidant capacity, and leaf and root structures in rice seedlings exposed to hexavalent chromium[J]. Acta Physiologiae Plantarum, 34(1): 279–289.

TRIPATHI P, TRIPATHI R D, SINGH R P, et al., 2013. Silicon mediates arsenic tolerance in rice (*Oryza sativa* L.) through lowering of arsenic uptake and improved antioxidant defence system[J]. Ecological Engineering, 52: 96–103.

TZSÉR D, MAGURA T, SIMON E, 2017. Heavy metal uptake by plant parts of willow species: a meta-analysis[J]. Journal of Hazardous Materials, 336: 101–109.

VACULÍK M, LUX A, LUXOVÁ M, et al., 2009. Silicon mitigates cadmium inhibitory effects in young maize plants[J]. Environmental and Experimental Botany, 67(1): 52–58.

VAN DER GRAAF E R, KOOMANS R L, LIMBURG J, et al., 2007. In situ radiometric mapping as a proxy of sediment contamination: assessment of the underlying geochemical and-physical principles[J]. Applied Radiation and Isotopes, 65(5): 619–633.

VEGA I, RUMPEL C, RUÍZ A, et al., 2020. Silicon modulates the production and composition of phenols in barley under aluminum stress[J]. Agronomy, 10(8): 1138.

VOLPE M G, LA CARA F, VOLPE F, et al., 2009. Heavy metal uptake in the enological food chain[J]. Food Chemistry, 117(3): 553–560.

WAGNER G J, 1993. Accumulation of cadmium in crop plants and its consequences to human health[J]. Advances in Agronomy, 51: 173-212.

WANG B, CHU C, WEI H, et al., 2020. Ameliorative effects of silicon fertilizer on soil bacterial community and pakchoi (*Brassica chinensis* L.) grown on soil contaminated with multiple heavy metals[J]. Environmental Pollution, 267: 115411.

WANG H, WEN S, CHEN P, et al., 2016. Mitigation of cadmium and arsenic in rice grain by applying different silicon fertilizers in contaminated fields[J]. Environmental Science and Pollution Research, 23(4): 3781-3788.

WANG S, WANG F, GAO S, 2015. Foliar application with nano-silicon alleviates Cd toxicity in rice seedlings[J]. Environmental Science and Pollution Research, 22(4): 2837-2845.

WANG Y, HU Y, DUAN Y, et al., 2016. Silicon reduces long-term cadmium toxicities in potted garlic plants[J]. Acta Physiologiae Plantarum, 38(8): 111625.

WHO & FAO, 1995. General standard for contaminants and toxins in food and feed: CXS 193-1995 [S]. http://www.fao.org.

WU C, ZOU Q, XUE S, et al., 2015. Effects of silicon (Si) on arsenic (As) accumulation and speciation in rice (*Oryza sativa* L.) genotypes with different radial oxygen loss (ROL)[J]. Chemosphere, 138: 447-453.

WU C, ZOU Q, XUE S, et al., 2016. The effect of silicon on iron plaque formation and arsenic accumulation in rice genotypes with different radial oxygen loss (ROL)[J]. Environmental Pollution, 212: 27-33.

XIAO W, YUQIAO L, QIANG Z, et al., 2016. Efficacy of Si fertilization to modulate the heavy metals absorption by barley (*Hordeum vulgare* L.) and pea (*Pisum sativum* L.)[J]. Environmental Science and Pollution Research, 23(20): 20402-20407.

XIAO Z, PENG M, MEI Y, et al., 2021. Effect of organosilicone and mineral silicon fertilizers on chemical forms of cadmium and lead in soil and their accumulation in rice[J]. Environmental Pollution, 283: 117107.

YANG Y H, CHEN S M, CHEN Z, et al., 1999. Silicon effects on aluminum toxicity to mungbean seedling growth[J]. Journal of Plant Nutrition, 22(4-5): 693-700.

YE J, YAN C, LIU J, et al., 2012. Effects of silicon on the distribution of cadmium compartmentation in root tips of *Kandelia obovata* (s., L.) Yong[J]. Environmental Pollution, 162: 369-373.

YOU-QIANG F U, HONG S, DAO-MING W U, et al., 2012. Silicon-mediated amelioration of Fe^{2+} toxicity in rice (*Oryza sativa* L.) roots[J]. Pedosphere, 22(6): 795-802.

ZAMAN Q U, RASHID M, NAWAZ R, et al., 2021. Silicon fertilization: a step towards cadmium-free fragrant rice[J]. Plants, 10(11): 2440.

ZHANG C, WANG L, NIE Q, et al., 2008. Long-term effects of exogenous silicon on cadmium translocation and toxicity in rice (*Oryza sativa* L.)[J]. Environmental and Experimental Botany, 62(3): 300-307.

ZHANG S, LI S, DING X, et al., 2013. Silicon mediated the detoxification of Cr on pakchoi (*Brassica chinensis* L.) in Cr-contaminated soil[J]. J. Food Agric. Environ, 11: 814-819.

第七章
硅对生物胁迫的抗性提升

生物胁迫是指对植物生存与发育不利的各种生物因素的总称，通常是由于感染和竞争所引起的，如病害、虫害、杂草危害等。由 FAO 国际植物保护公约秘书处主持编写的《气候变化对植物害虫的影响——预防和减轻农业、林业和生态系统中植物害虫风险的全球挑战》指出，每年有高达 40% 的全球作物产量因虫害而损失。而每年植物病害给全球经济造成的损失超过 2 200 亿美元，入侵昆虫造成的损失至少为 700 亿美元。并且由于气候变化的影响，肆虐重要经济作物的植物害虫正变得更具破坏性，并对粮食安全和环境构成越来越大的威胁。全球每年有几百万吨农药投入耕地中，这在过去有效地缓解了全球食物供应紧缺，但同时也带来了严重的食品安全、土壤污染和生物多样性丧失等问题。如何利用作物抗性提升植物对生物胁迫的抗性进行病虫害防治是当前全球农业绿色发展转型面临的重要问题。本章针对硅对植物生物胁迫抗性提升的机理及效果进行了系统分析，以期为利用硅和其他逆境非常规营养进行病虫害防控提供借鉴和参考。

7.1 植物应对生物胁迫的抗性反应

植物在生长过程中会受到各种生存挑战，除了受到各种环境影响的非生物胁迫外，还会受到由生物因素包括病害、虫害、杂草等引起的生物胁迫。

为了更好地适应各种环境和应对生物胁迫，植物在进化过程中通过一系列的防御机制来抵御病原微生物和害虫的侵袭。其中，最为重要的是植物的免疫系统，在抵御病害和虫害中，植物的免疫系统抵抗机制也有差异。

7.1.1 植物的抗病性

（1）结构抗性

植物的结构抗性又称组成抗性，是指植物本身所具有的不需要外界诱导的抗性。结构抗性属于植物特有的生理特性，对植物抗病能力的强弱与不同植物类型、同一植物不同品种等密切相关。植株表层的皮孔、水孔和气孔等是某些病原菌侵入植物表层的通道，其形状、表皮细胞外壁的硬度和厚度，再加上蜡质层、厚壁细胞的存在，均可有效防止病原菌的入侵（Liu，2015）。如组成气孔的保卫细胞能够主动识别病原菌且具有高度保守性，在真菌侵染植物过程中，保卫细胞能够识别几丁质寡糖从而引起气孔关闭，阻止病原真菌的入侵（Ye et al.，2020）。

（2）诱导抗性

诱导抗性是植物受到外界因子的影响而产生的一种抗逆性反应，这种受外界因子诱导而产生的抗逆性能只在该个体中存在，正如婴儿接种牛痘后可抵抗天花病毒一样。利用植物的诱导抗性可以提高植物抗病能力，提高产量。植物在遭受病原菌侵害时，与人类的免疫系统作用机理相同，分为先天免疫反应和后天免疫反应两类。

①先天免疫反应。

先天免疫反应是植物在受到病原侵染时做出的快速防卫反应，是植物本身所具有的不依赖后天获得且可遗传的防御反应。当病原菌通过植物气孔、水孔或伤口进入植物细胞间隙时，某些病原物相关分子模式或微生物相关因子 PAMPs/MAMPs（pathogen/microbe-associated molecular patterns）被定位于植物细胞膜上的特定模式识别受体 PRRs（pattern recognition receptors）识别，并激活植物防卫反应信号的传导，从而导致细胞内各种离子的交换、活性氧的暴发、一氧化氮的生成、蛋白激酶的激活、蛋白的磷酸化、乙烯的合成、受体 FLS2 的内吞和大量基因的表达。后期会导致细胞壁胼胝体沉积（callose deposition）和植物抗病原微生物复合物的形成（Bittel and Robatzek，2007）、激素水杨酸（SA，salicylic acid）的积累和对植物生长的抑制等。这种由 PAMPs 引发的免疫反应称为病原相关分子模式触发的免疫反应 PTI（PAMPs-triggered-immunity），是植物抵御侵害的第一层防御机制。PAMPs 一般是病原物高度保守的分子，目前已经鉴定的 PAMPs 包括细菌的鞭毛蛋白（Flagellin）、转录延伸因子（EF-Tu）、冷休克蛋白（CSP）、硫化蛋白（Ax21）、脂多糖（LPS）、肽聚糖（PGNs）以及真菌的几丁质（Chitin）等（Segonzac and Zipfel，2011）。

表 7-1 中展示了已鉴定出的 PAMPs 和其对应植物中的 PRRs。以细菌鞭毛蛋白（Flagellin）为例，鞭毛蛋白 N 端 22 个氨基酸组成的多肽 flg22 是具有鞭毛蛋白活性的 PAMP，用 flg22 处理拟南芥叶片可以引发过氧化氢的产生、细胞壁上胼胝体的沉积以及病原相关基因的表达。并且 flg22 在番茄、烟草和水稻中都能被识别，从而引发先天免疫反应。

表 7-1　病原物的 PAMPS 和植物中对应识别的 PRRs（戴景程 等，2012）

病原物相关分子模式（PAMPs）	模式识别受体（PRRs）	受体植物
细菌鞭毛蛋白（Flagellin）	flg22	拟南芥、番茄、烟草、水稻
转录延伸因子（Elongation factor, EF-Tu）	elf18	拟南芥、其他芸薹科植物

续表

病原物相关分子模式（PAMPs）	模式识别受体（PRRs）	受体植物
过敏蛋白（Harpin，Hrp Z）	未知	拟南芥、黄瓜、烟草、番茄
脂多糖（Lipopolysaccharide，LPS）	Lipid A lipooligosaccharides	胡椒、烟草
硫化蛋白（Ax21）	axY^{s}22	拟南芥、水稻、大豆、番茄、胡椒
肽聚糖（Peptidoglycan，PGNs）	Muropeptides	拟南芥、烟草
冷休克蛋白（Cold shock protein，CSP）	RNP-1 motif	茄科植物
几丁质（Chitin）	Chitin oligosaccharides（聚合度 > 3）	拟南芥、番茄、水稻、小麦、大麦
木聚糖酶（Xylanase）	TKLGE pentapeptide	番茄、烟草
葡聚糖（β-Glucan）	Tetraglucosyl glucitol, branched hepta-β-glucoside, linear oligo-β-glucosides	烟草、水稻、豆科植物
脑苷酯（Cerebrosides A, C）	Sphingoid base	水稻
麦角固醇（Ergosterol）	未知	番茄
谷氨酰胺转氨酶（Transglutaminase）	Pep-13 motif	欧芹、马铃薯、葡萄藤、烟草
纤维素结合激发子凝集素（Cellulose-binding elicitor lectin，CBEL）	Conserved cellulose binding domain	拟南芥、烟草
脂转移蛋白（Lipid-transfer proteins）	未知	烟草、芜菁、萝卜
致病疫霉（Necrosis-inducing proteins，NLP）	未知	双子叶植物
铁载体（Siderophores）	*Pseudomonas fluorescens*	烟草
蔗糖酶（Invertase）	N-mannosylated peptide	番茄
硫酸盐岩藻（Sulfated fucans）	Fucan oligosaccharide	烟草
鼠李糖脂（Rhamnolipids）	Mono-/dirhamnolipids	葡萄藤

另外一种先天免疫反应是由植物的抗病蛋白（R 蛋白）识别病原微生物产生的效应蛋白触发的免疫反应 ETI（effectors-triggered-immunity）。与 PTI 反应不同，ETI 只特异性地识别对应的效应蛋白，因此 ETI 具有非常高的特异性。有些 R 蛋白能够直接识别病原菌的效应蛋白，例如水稻中 Pi-ta 对稻瘟菌 Avr-Pita 的识别，拟南芥 ATR1 对霜霉菌 RPP1 的识别。更多 R 蛋白则是间接识别病原菌的效应蛋白。间接识别包括 2 种不同的识别模型：a. 保卫模型，即 R 蛋白监测效应蛋白对致病靶标的攻击，通过感受效应蛋白致病靶标的修饰或其他改变而激活 ETI，例如拟南芥 RPM1 和 RIN4 对假单胞菌 AvrRpm1 的识别。b. 陷阱（decoy）模型，即植物演化出陷阱靶标模拟效应蛋白真正的致病靶标，引诱效应蛋白对陷阱靶标攻击，R 蛋白通过感受陷阱靶标的修饰或者改变而激活 ETI。两者的核心区别在于致病靶标对效应

蛋白的致病性是必需的,而陷阱靶标则与效应蛋白的致病性无关。

②后天免疫反应。

植物受到病原物刺激后,会产生诱导抗性,体内会发生一系列信号传导和物质代谢变化。如水杨酸（SA）含量会增加,因为 SA 是重要的信号传导物质,试验证明,SA 能诱导植物产生抗性。根据免疫反应过程中是否有水杨酸的积累,后天免疫反应可分为:a. 由病原微生物等诱导的系统获得抗性 SAR（systemic acquired resistance）（Fu and Dong, 2013）。SAR 需要信号分子水杨酸的参与,并引起病程相关蛋白的大量表达,产生抗性反应。b. 由非病原菌激发的诱导系统抗性 ISR（induced systemic resistance）,如寄生在植物根部的根基促生菌以及与植物共生的内生菌,它们不会直接激活抗性反应,但在病原菌入侵时能迅速并强烈地启动免疫。ISR 通常由茉莉酸、乙烯诱导（Pieterse et al., 2014）。这两种反应类型具有的共同特点是:不仅限于被诱发的局部部位,而且会逐步扩展到植物体的其他组织中,随后对再次侵袭的其他病原菌或同类型致病菌的攻击产生系统性的抗病性。它们通常具有广谱性、系统性和非特异性,可以有效地抵御各种病原物,包括细菌、真菌、病毒、线虫和昆虫等（Kloepper et al., 2004; Loon et al., 2005; Ongena et al., 2007）。

此外,木质素含量的升高,植保素（Phytoalexins, PA）的积累,以及过氧化物酶（Peroxidase, POD）、多酚氧化酶（Polyphenoloxidase, PPO）、苯丙氨酸解氨酶（Phenylalanine ammonia-lyase, PAL）等酶活性的增强,都与植物抗病性相关。经诱导的植物中还可检测到有新的蛋白质出现,被称为病程相关蛋白（Pathogenesis-related proteins, PRP）,也称免疫蛋白,PRP 最早是 1970 年从烟草中发现的,以后在越来越多的植物中发现了 PRP（Burdman et al., 2000）。

7.1.2 植物的抗虫性

植物的抗虫性是指植物在外来的不良环境因素下,能够避免或者相对于遭到较严重虫害的同种植物有较强的自我恢复能力,对植食者取食、消化、产卵等行为形成干扰的遗传特性（Maxwell et al., 1982）。同抗病性一样,植物抗虫性可分为先天存在的组成抗性,以及被进食者为害后表现出的诱导抗性。

（1）组成抗性

组成抗性是指植物遭受到逆境胁迫之前就先天存在或者经过长期发育产生的抗性。植物可以通过叶片韧性、细胞组织成分、体表毛状体或腺体等固有的特殊结构来减少植食性昆虫的取食。同时,植株坚韧的叶片中含有一些木质素、纤维素等不易被昆虫消化的物质,使昆虫难以获取蛋白质、糖类等营养,昆虫取食率降低,从而减少虫害。已有研究表明,纤维含量与甘蔗抗螟虫性呈正相关,高纤维含量的甘蔗比低纤维含量的甘蔗抗虫性强（Allam and Abou Dooh, 1995）。

植物的营养成分是植食性昆虫生长发育所必需的能量来源,植物能够通过调节内部营养成分的比例或产生生物碱、氰化物、皂苷等有毒物质减少植食者的入侵,提高自身抗虫性（李会平 等，2001）。植物细胞中纤维素、木质素等含量会影响昆虫对水分和其他营养的吸收，如木质素含量高会导致昆虫取食不易消化，烟草中0.1%～1%的生物碱类能够致死豆象幼虫，胡椒和仙人掌中也含有大量的毒素生物碱（轩静渊和王辅，1991）。

（2）诱导抗性

诱导抗性是指植物在遭遇植食性昆虫取食或产卵等为害时所表现出来的一系列抗性反应。植食性昆虫诱导的植物防御反应由3个阶段组成：信号识别、信号转导、防御化合物产生。①植物模式识别受体PRRs对植食性昆虫相关分子模式HAMPs（herbivore associated molecular patterns）和损伤相关分子模式DAMPs（damage associated molecular patterns）的识别。HAMPs指与植食性昆虫相关的、可被寄主植物感知的一些信号化合物，而DAMPs指植物在感受到损伤或危险时所产生的内源性信号分子，两者均能被植物受体识别并激活植物防御反应（Erb and Reymond，2019）。这一过程与病原菌为害产生的PAMPs类似，目前已有几十个鉴定出的HAMPs，包括蛋白类、多肽、酰胺类、脂肪酸类等（表7-2），然而还未从植物中真正分离鉴定到识别HAMPs的PRRs（张月白和娄永根，2020）。②植物体内早期信号的应答，主要包括膜电位去极化、Ca^{2+}流变化、MAPK（mitogen-activated protein kinase）级联反应和活性氧ROS（reactive oxygen species）暴发等，是植物识别和触发下游信号转导途径的最早反应。这些早期信号会进一步激活植物激素，主要涉及茉莉酸JA（jasmonic acid）、乙烯ET（ethylene）、水杨酸SA（salicylic acid）、脱落酸ABA（abscisic acid）、赤霉素GAs（gibberellins）等信号通路的激活、抑制及其相互间的信号交流。③植物转录组与代谢组的重新配置，如提高防御相关基因转录水平以及防御化合物含量上升、营养化合物含量下降等。

表7-2 已鉴定出的植食性昆虫相关分子模式（HAMPs）（张月白和娄永根，2020）

植食性昆虫相关分子模式（HAMPs）	来源昆虫
脂肪酸-氨基共轭物（FACs）	甜菜夜蛾（*Spodoptera exigua*）等口腔唾液腺分泌物
β-葡萄糖苷酶（β-Glucosidase）	欧洲粉蝶（*Pieris brassicae*）口腔唾液腺分泌物
Inceptin	草地贪夜蛾（*Spodoptera frugiperda*）口腔唾液腺分泌物
果胶酶（Pectinase）	麦长管蚜（*Sitobion avenae*）口腔唾液腺分泌物
Tetranins	二斑叶螨（*Tetranychus urticae*）口腔唾液腺分泌物
类黏蛋白（Mucin-like protein）	褐飞虱（*Nilaparvata lugens*）口腔唾液腺分泌物
孔状蛋白（Porin-like protein）	海灰翅夜蛾（*Spodoptera littoralis*）口腔唾液腺分泌物
Groel	桃蚜（*Myzus persicae*）口腔唾液腺分泌物
β-半乳糖呋喃多糖（β-Galactofuranose polysaccharide）	海灰翅夜蛾（*Spodoptera littoralis*）口腔唾液腺分泌物

续表

植食性昆虫相关分子模式（HAMPs）	来源昆虫
2-羟基十八碳三烯酸（2-Hydroxyoctadecatrienoic acid）	烟草天蛾（*Manduca sexta*）口腔唾液腺分泌物
Caeliferins	南美沙漠蝗（*Schistocerca Americana*）口腔唾液腺分泌物
苯乙腈（Benzyl cyanide）	欧洲粉蝶（*Pieris brassicae*）副生殖腺
吲哚（Indole）	菜粉蝶（*Pieris rapae*）副生殖腺
混合物（Compounds）	白背飞虱（*Sogatella furcifera*）
Bruchins	豌豆象（*Bruchus pisorum*）、四纹豆象（*Callosobruchus maculatus*）

在表现形式上，诱导抗性的表现主要有以下4个方面：①发育和形态的改变。例如棉花子叶在受到棉叶螨为害时，会引发子叶提前脱落（Karban and Nhho，1995）；②生理状态改变。昆虫的取食能影响植物的光合作用、呼吸作用以及其他的一些生理代谢过程，从而引发生理特征改变。如冬尺蠖的取食会干扰欧洲白桦叶片内的水平衡过程，从而导致幼虫死亡率增加（Hunter and Willmer, 1989）；③营养成分改变。受损伤的植物叶片中一些营养成分如全氮、氨基酸以及糖类等物质含量下降，进而影响到植食性昆虫的生长、发育、存活和繁殖；④次生化合物和其他化合物的改变。植物由于虫害诱导而产生的挥发性有机化合物称为虫害诱导植物挥发物（Herbivore-induced plant volatiles, HIPVs），HIPVs能够通过吸引天敌，影响害虫取食、产卵等行为和引起临近植物防御反应等方式增强植物抗虫性（Cai et al., 2008）。目前在植物体内发现的次生代谢产物超过10万种，主要类别有生物碱、萜类、酚类等。生物碱是植物中最普遍的次生代谢产物，20%～30%的植物组织中都含有生物碱，在植物中用来防御植食者或微生物、动物的袭击。大多数生物碱对昆虫都具有毒性，昆虫取食植物后生物碱在害虫体内长期积累延缓昆虫发育，或对生殖力造成影响甚至死亡（轩静渊和王辅，1991）。萜烯类化合物可以作为一种信息素起到诱导和通信作用，如斜纹夜蛾（*Spodoptera litura*）挥发的产卵驱避信息素ODPs能够调节雌蛾在寄主叶片上的产卵分布。酚类是植物大量合成的芳香族次生代谢产物，其中包括单酚、单宁、黄酮类、木质素、香豆素等均具有较强的防御功能，分别能够抑制昆虫消化酶活化、引起毒害、产生拒食和造成不易消化和生长缓慢等（杨乃博 等，2014）。

7.2 硅对植物抗病性的影响

硅增强作物对病害的抵御能力已被许多研究证实。Germar（1934）最早研究了使用硅肥能够提高小麦对白粉病的抗性，此后，更多的研究证明了硅能够增强植物抗病性。例如硅的施用影响了小麦（Leusch and Buchenauer, 1989; Bélanger et al., 2003），大麦（Jiang, 1989），玫瑰（Shetty et al., 2012），黄瓜、甜瓜、西葫芦（Menzies et al., 1992）、葡萄（Bowen et al., 1992）、蒲公英（Bélanger et al., 1995）对白粉病的抵抗性；以及水稻对稻瘟病（*Pyriculariagrisea*）、褐斑病（*Bipolarisoryzae*）（Rodrigues et al., 2004）、镰刀菌枯萎病（Miyake and Takahashi, 1983）和根腐病（Chérif et al., 1994）的抵抗能力。总结来看，硅诱导植物抵御病害的机制包含物理防御和化学诱导两方面。

7.2.1 硅抵抗病害的物理防御机制

在物理防御机制上，植物主要通过病菌侵入点附近的硅积聚和硅结构的增多来提高其抗病性。Samuels 等（1991）通过电镜和 X 射线分析证明了这一观点，图 7-1（文后彩图 4）展示了白粉菌侵染黄瓜叶片后扫描电子（左）和 X 射线（右）下硅在被侵染叶片中的积累，分析表明硅在病害感染部位的积累明显增高。

此外，硅被作物吸收固定后可形成各种硅化结构，如角质-双硅层、硅化细胞等（葛少彬 等，2014），形成作物组织机械屏障，阻碍病原菌的扩散和发展。如在水稻中，植株吸收硅后，硅素沉积于水稻表皮细胞，使之硅质化，在水稻叶片及叶鞘的表皮细胞上形成角质-双硅层，一层在表皮细胞壁与角质层之间，一层在表皮细胞壁内与纤维素相结合。这种双层结构有利于降低蒸腾作用，作为物理屏障阻碍病原物的侵染，增强水稻对病原物的抗性。相关研究表明，硅化细胞的增加，加大了侵染病菌穿透叶表皮时的阻力，例如在受到白粉病菌侵染时，施硅小麦叶表皮细胞中仅有 10% 能观察到吸器，而未施硅处理叶表皮细胞吸器高达 90%（Bélanger et al., 1995），大大降低了病害的侵染性。

7.2.2 硅抵抗病害的化学诱导机制

（1）提高抗病相关保护酶活性

植物在受到病害侵染时会引发体内与酚类代谢相关的酶活性发生变化，诱导防御反应合成并累积系列防御反应物质，从而增强植物抵御病原菌侵袭的能力。Dallagnol 等（2015）研究发现菜豆施用硅肥可以提高超氧化物歧化酶、抗坏血酸过氧化物酶和谷胱甘肽还原酶活性，从而降低炭疽病菌对菜豆的危害。这些酶除了参与酚类物质代谢外还参与木质素、植保素等次生抗性物质的形成和积累，可作为整个代谢途径的调节子，常被看作植物抗病性的生化指标。其中过氧化物酶（POD）参与植物细胞壁木质素的合成；多酚氧化酶（PPO）具有把多酚氧化成对病原物有高度毒性的醌类物质的作用；苯丙氨酸解氨酶（PAL）是植物抗病代谢（莽草酸途径）的关键酶和限速酶，可催化 L-苯丙氨酸还原脱氢，为合成植物保卫素和木质素提供苯丙烷碳骨架或碳桥进而在抗病性中起作用。大量研究证明硅可以诱导植物产生酚类等植物防卫激素（phytoalexins），提高 POD、PPO 及 PAL 活性，激发一些病程相关基因的表达，起到第二信使的作用。

（2）诱导抗病次生代谢物产生

硅可通过诱导产生次生抗菌物质如植保素、木质素、酚类物质和病原相关蛋白等代谢物来提高寄主对病害的抗性，而这些代谢物主要通过限制病原体进入植物体和启动植物体防御机制两种方式来发挥抗病效应（Imtiaz et al., 2016）。Fawe 等（1998）首次鉴定出一种由硅调控的保护黄瓜抗白粉病的黄酮类物质——植保素。Cai 等（2008）研究证实在稻瘟病侵染条件下加硅能显著提高水稻感病材料叶片的木质素含量，而木质素通过保护植物细胞壁物质不被真菌降解并使侵入的菌丝细胞木质化从而增强对病原菌的抗性。Rodrigues 等（2003）通过进行超微结构观察，首次发现了硅介导水稻抗稻瘟病菌的细胞学证据，接菌后加硅处理的水稻体内大量生成酚醛类物质抵御稻瘟病菌的生长。进一步研究发现，在接菌后施硅的水稻叶片植保素含量提高 2~3 倍（主要是稻壳酮 A 和 B），从而使水稻对稻瘟病菌的抗性增强。

（3）激发抗病性相关基因表达

Rodrigues 等（2005）首次在分子水平上研究了硅的抗病机制。加硅处理能促进不同水稻品种对稻瘟病菌产生过敏性反应，诱导表达编码 *PR-1*、*POD* 等基因，同时积累大量的酚类物质和木质素从而抵制病菌菌丝生长及侵入表皮细胞。在水稻感染稻瘟菌的情况下，硅的施用使 483 个基因出现差异表达，其中 27 个基因表达上调，另外 456 个基因表达下调。此外，硅能够更快激活转录因子 *OsBTF3* 基因的表达，积极参与相关防卫基因的激活和调控，从而实现对植物抵抗病害能力的生物调控（孙万春，2008）。

7.3 硅对植物抗虫性的影响

越来越多的研究表明，植物能够通过吸收硅，引起生物化学变化和诱导抗性的产生从而减轻害虫的为害。硅主要通过两种防御机制参与植物对害虫的抗性：物理防御和诱导生物化学（化学）防御。

7.3.1 硅抵抗虫害的物理防御机制

植物可以利用叶片的硬度、茸毛、茎等组织结构作为抵御植食昆虫进食的物理屏障（Hanley et al., 2007）。硅以单硅酸（H_4SiO_4）分子形式被植物吸收，并从植物根部转运到地上部，以水化无定形二氧化硅（$SiO_2 \cdot nH_2O$）和多聚硅酸的形式沉积在植物表皮细胞并与细胞壁联合，形成含硅量很高的硅化细胞。相关研究表明，作为重要的喜硅植物，在水稻吸收硅后，硅化细胞在植株中呈现哑铃状，这样的微结构可以增强植物组织的机械强度，从而作为机械屏障抵挡稻飞虱类的害虫（Dorairaj and Ismail, 2017）。

另外，硅沉积能够增加植物组织的硬度和耐磨度，降低叶片的适口性和可消化性，从而抑制植食性昆虫的取食（Massey et al., 2006）。Massey 和 Hartley（2009）

用 150 mg·L^{-1} 的硅酸钠处理黑麦草，观察到由于硅在植株组织中的沉积，造成取食黑麦草的莎草黏虫（*Spodoptera exempta*）下颌磨损，从而降低了莎草黏虫的取食率。同时，叶甲、蜜蜂、斜纹夜蛾、象鼻虫等因硅在植物组织中的沉积而引起下颌磨损的现象都得到报道证实。除影响咀嚼式口器的昆虫外，硅通过增加组织的硬度抵御刺吸式口器昆虫的功能也被证实。在一项对甘蔗的研究中，研究人员发现硅积累在节间的表皮组织中，通过阻止害虫刺吸式口器的刺入和增加穿刺所需要的时间从而增强对害虫的抗性（Kvedaras and Keeping，2007）。

硅能够调节植物的营养状况，干扰昆虫的取食和生物学特性，进而降低昆虫的生长发育（Leroy et al.，2019）。植物组织中硅含量较高，会增加昆虫取食植物组织的体积，从而导致昆虫不能获取足够量的营养和水分（Massey and Hartley，2009）而抑制生长发育。硅含量高的植物往往被证实导致昆虫选择取食和产卵的概率降低，这是因为昆虫要给子代提供较好的营养供应，而硅对植物营养的调节显著影响了此类营养供应而增强植物抵抗虫害能力。当前研究仅反映了硅对植物营养的影响并调控了对虫害的抵抗，对于昆虫生长发育是否能直接判断出植物含硅量以及影响机制还有待进一步研究。

7.3.2 硅抵抗虫害的诱导生物化学防御机制

除了参与调控植物抵抗虫害的物理机械屏障外，硅还能通过启动植物自身生物化学防御系统诱导植物抗性以抵御虫害攻击。硅诱导的植物生物化学抗虫性包含两类：一类是增加有毒物质含量、产生局部过敏反应或系统获得抗性、产生有毒化合物和防御蛋白，延缓昆虫发育速度等的直接防御机制；另一类是释放挥发性化合物来吸引捕食性和寄生性天敌等的间接防御机制（Maleck and Dietrich，1999）。

植物防御是通常比较复杂的过程，会依据昆虫的摄食策略不同而变化（Ali and Agrawal，2012）。不同摄食方式的攻击者会引起不同的信号特征，常见的信号特征如植物激素水杨酸 SA（Salicylic acid）、茉莉酸 JA（Jasmonic acid）和乙烯 ET（Ethylene），这些信号特征在协调植物防御反应中发挥着重要作用（De Vos et al.，2005）。例如，JA 可以调节植物对咀嚼式昆虫的化学防御，而对韧皮部刺吸式昆虫的防御主要依赖于 SA 信号的调节。Ye 等（2013）研究表明，硅能够激发 JA 信号，调节稻纵卷叶螟（*Cnaphalocrocis medinalis*）胁迫下水稻的防御反应，而茉莉酸信号的激活反过来促进了硅在植物体内的积累。这类信号调节机制被认为是硅增强对昆虫抗性的一种可能诱导机制，这种诱导在植物防御病害和虫害的代谢过程中都有一定的表现，主要通过包括信号转导在内的一系列生化生理反应刺激植物中防御相关基因的表达。同时，越来越多的研究结果显示硅能上调防御相关酶基因的表达，从而提升植物防御酶的活性，导致加强防御虫害相关化合物如酚醛树脂的积累（Reynolds et al.，2016）。Goussain 等（2005）研究表明已侵染麦二叉蚜的小麦施用硅肥后，能诱导其体内的保护性酶（如过氧化物酶、多酚氧化酶和苯丙氨酸脱氢酶）

大量增加，活性增强，从而增强抗虫性。此外，生长在施硅土壤中的黑麦草，虫害发生后其过氧化物酶、多酚氧化酶展现了更高的活性；其体内酚酸类物质如绿原酸、黄酮类等含量增加，且其体内苯丙氨酸解氨酶合成相关基因 *PALa*、*PALb* 以及脂肪氧合酶合成相关基因 *LOXa* 的表达上调（Rahman et al., 2015）。其中过氧化物酶参与植物组织木质化和木栓体的合成，增加了植物组织的硬度，同时产生了具有抗生特性的醌类物质和活性氧；多酚氧化酶催化酚类化合物氧化成醌类化合物，导致植物体内可消化性蛋白减少，营养质量下降；苯丙氨酸脱氢酶增加了植物体内对昆虫具有拒食或毒杀作用的酚类化合物的产生量（Appel, 1993），通过这些物质的改变，植株对虫害的抵御能力显著增强。

随着蛋白质组学和转录组学的发展，研究人员对硅调节植物抗虫反应的分子调控机制也进行了深入的研究。其研究表明，硅能激活植物的初级和诱导后的反应，并控制诱导后植物细胞内信号系统的活性，促进与细胞结构修饰、激素合成、超敏反应以及抗菌化合物合成相关的抗性基因的上调，从而对植物抗虫性进行调控。戚秀秀（2021）研究发现，施硅影响了1,3-β-D-葡聚糖合成代谢和醛类物质的合成途径、氧化酶活性和活性氧、萜烯类气体含量和植物代谢过程，包括葡聚糖代谢、木质素代谢和含吲哚化合物代谢过程；施硅可特异性上调差异基因在 KEGG 注释分析中显著富集到的途径包括氨基糖和核苷酸糖代谢、戊糖磷酸途径、脂肪酸生物合成等，引起相应的抗性物质变化，从而提高了小麦对麦长管蚜的抗性。

7.4 硅在提升植物病虫害抗性中的应用

利用硅肥提高作物病虫害抗性，是病虫害防治的一种新策略。大量研究证明，施用硅肥可以减轻多种植物病虫害的发生，以下汇总了部分应用硅肥防治病虫害的案例，为相关作物上的使用提供参考。

7.4.1 硅肥提高植物抗病性的应用

施用硅肥能够提高作物的抗病性已经被许多研究所证实（表7-3）。

表7-3 硅提高作物抗病性的相关研究

作物种类	病害种类	硅使用量	防治效果	文献来源
水稻	稻瘟病	2.0mmol·L^{-1} K$_2$SiO$_3$ 溶液	发病率降低33.53%~41.62%，病情指数降低48.36%~41.41%。	葛少彬等（2014）
水稻	稻瘟病	180kg·hm^{-2} 硅肥	病情指数降低58.82%	杨金生等（1993）
水稻	褐斑病	4mmol·L^{-1} 硅酸钠溶液	发病率减少33.5%	Malvick and Percich（1993）

续表

作物种类	病害种类	硅使用量	防治效果	文献来源
水稻	纹枯病	1.5mmol·L^{-1} 硅酸钠溶液	病情指数降低19.0%，防治效果达25.8%	张国良等（2006）
水稻	白叶枯病	1.7mmol·L^{-1} 硅酸钠溶液	病情指数降低11.83%～52.12%，相对防效达16.55%～75.82%。	薛高峰等（2010）
水稻	拟禾本科根结线虫	0.375g·L^{-1} 纳米性硅肥	根结数和侵染线虫头数分别减少了57.7%和56.7%	占丽平（2017）
小麦	白粉病	正硅酸已酯、硅酸钠 100 μg·mL^{-1}	发病率减少51.36%～54.08%	刘彩云等（2021）
草莓	白粉病	500mg·L^{-1} 硅酸钾溶液	第一年防治效果58%～85.6%，第二年防治效果40.6%～60.2%	Kanto等（2006）
葡萄	白粉病	1.7mmol·L^{-1} 硅酸钠溶液	5～15d防治效果为41.59%～42.65%	徐红霞等（2006）
黄瓜	白粉病	20mmol·L^{-1} K$_2$SiO$_3$溶液	病情指数降低41.56%	魏国强（2004）
玉米	茎腐病	可溶性硅肥2000mg·L^{-1}（Si=50 g·L^{-1}）	病情指数降低35.50%	杨克泽等（2022）
黄瓜	枯萎病	3mmol·L^{-1} 硅酸钠溶液	抑菌率23.4%，株高、茎粗和根长分别增加39.53%，94.87%，74.32%，病情指数降低43.85%	杨政坤（2022）
甘蔗	黑穗病	1g Na$_2$SiO$_4$·9H$_2$O·kg^{-1} 土壤	发病率下降11.57%～46.67%。	邓权清（2018）
甘蔗	白条病	7.70g K$_2$SiO$_3$·kg^{-1} 土壤	发病率降低30.44%，病情指数降低61.3%	洪鼎剀（2022）
燕麦	秆锈病	1.5mmol·L^{-1} 硅酸钾溶液	发病率降低27.96%，严重度降低35.32%	李英浩（2023）
桃树	流胶病（损伤性病害）	0.2% 水溶性硅肥	3d发病率降低37.8%，5d发病率降低29%	孙希武（2019）
马铃薯	黑痣病	3.02g·L^{-1} 硅酸钠	地下茎、匍匐茎发病率分别降低48.84%和61.96%	霍宏丽（2018）
番茄	青枯病	2.0 mmol·L^{-1} K$_2$SiO$_3$溶液	接种7d后病情指数较对照降低64.5%	姜倪皓（2019）

续表

作物种类	病害种类	硅使用量	防治效果	文献来源
油茶	炭疽病	20mmol·L^{-1} 硅酸钠溶液	分生孢子萌发率和菌落生长抑制率分别为 15.98% 和 77.61%	连娇娇（2023）
香蕉	黑条叶斑病	1.7mmol·L^{-1} 硅酸钠溶液	发病率降低 15.47%	Kablan 等（2012）

尽管硅肥对植物抗病性提高的研究已有大量案例，但由于硅肥施用方法、种类和作物类型的不同，其对作物抗病性的影响有较大差异。

（1）硅肥施用方法对抗病性的影响

Liang 等（2005）研究表明叶面喷施和根部施用硅肥均能增加黄瓜对白粉病的抗性，但其机制不同。叶面喷施硅肥通过机械障碍来降低病害感染，而根部施用则通过增强代谢抗性发挥作用。王东勇等（2014）研究表明，底施硅肥和挑旗期喷施硅肥，均能够有效防控小麦白粉病，但底施硅肥+喷施硅肥处理的防控效果优于单一底施或喷施处理的防控效果。在对大豆抗锈病的研究中也报道了相似的结论，研究人员认为硅肥的根部施用较叶面喷施能获得更好的抗病效果（Rodrigues et al.，2009）。作物抗病性在一定范围内与施硅量存在显著正相关关系。例如接种黑穗病的甘蔗分别施入 0g、15g、30g、45g 的 Na_2SiO_3，抗病效果随施硅量的增加而提高（邓权清，2018）。为了获得更有效的抗病效果，硅肥还可以与其他肥料和杀菌剂混合使用。其中，硅肥与氮磷钾肥混合施用后对水稻纹枯病具有较好的防治效果，发病率较对照低 12.8%（唐小平 等，1997）。可溶性硅肥混合使用 1 250mg·L^{-1} 18% 吡唑醚菌酯对玉米茎腐病的防治效果要高于单独使用（杨克泽 等，2022）。

（2）硅肥种类对抗病性的影响

硅肥对作物抵抗病害的作用效果与制剂中硅的存在形式密切相关。刘彩云等（2021）研究了氧化硅溶胶（平均粒径为 60nm）、正硅酸已酯、硅酸钠 3 种不同形态硅制剂对小麦白粉病的控制效果，结果表明正硅酸乙酯和硅酸钠的防效分别为 54.08% 和 51.36%，而氧化硅溶胶防效与对照相比差异不显著，仅为 1.02%。此外，硅以分子或离子状态存在时更容易被作物吸收，从而达到更好的病害防治效果。

（3）作物品种与抗病性

不同的作物品种在使用硅肥后的抗病效果存在差异。葛少彬等（2014）研究了施硅对两个水稻品系稻瘟病的发病率和病情指数的影响，结果表明抗病品系的稻瘟病的发病率和病情指数明显低于感病品系。这一结论在大豆中也同样被证实，不同品种大豆对硅的吸收量存在显著差异，这种差异造成施用硅后大豆对大豆锈病的抗性强弱显著不同（Arsenault et al.，2012）。

7.4.2 硅肥提高植物抗虫性的应用

McColloch 和 Salmon（1923）首次提出二氧化硅对玉米抗黑森瘿蚊（*Mayetiola destructor*）有重要作用。Ponnaiya（1951）指出高粱对其主要害虫高粱芒蝇（*Atherigona indica infuscata*）的抗性与硅施入有关。此后，越来越多的研究表明，施用硅肥能够增强作物对植食性昆虫的抗性（表 7–4）。

表 7–4 硅提高作物抗虫性的相关研究

作物种类	害虫种类	硅使用量	防治效果	文献来源
水稻	褐飞虱	0.32g·kg^{-1} 土壤硅钙钾肥	若虫历期延长 15.6%，若虫存活率降低 7.0%，雌成虫寿命降低 31.4%，产卵量降低 33.2%	杨浪（2017）
水稻	稻纵卷叶螟	0.32g·kg^{-1} 土壤硅钙钾肥	卷叶株率和卷叶率分别降低 24.3%和 10.8%，着卵量减少 45.3%	韩永强等（2017）
水稻	二化螟	600kg·hm^{-2} 硅酸钙硅肥	蛀入率下降 20%～40%，蛀入耗时延长 35.1%～112.9%	Han 等（2010）
水稻	白背飞虱	0.32g·kg^{-1} 硅酸钠溶液	韧皮部取食时间减少 39.2%，雌成虫栖息率降低 67.4%，产卵量降低 46.1%	贾路瑶等（2020）
小麦	麦二叉蚜	100mg·kg^{-1} 硅酸钾叶面喷施	害虫数量减少 37.23%	Al–Obaidy(2019)
小麦	玉米蚜	100mg·kg^{-1} 硅酸钾叶面喷施	害虫数量减少 25.33%	Al–Obaidy(2019)
小麦	禾谷缢管蚜	100mg·kg^{-1} 硅酸钾叶面喷施	害虫数量减少 29.44%	Al–Obaidy(2019)
小麦	麦长管蚜	3mmol·L^{-1} 正硅酸乙酯	8d 蚜虫密度比对照降低 77.12%，蚜虫的净增长率（R0）、内禀增长率（rm）、平均世代周期（T）分别延长 3.69%、6.85%、8.61%	戚秀秀（2021）
棉花	土耳其斯坦叶螨	0.725g·m^{-2} 硅酸钠基施，1.7mmol·L^{-1} 硅酸钠溶液喷施	基施受害指数降低 19.86%，叶面喷施受害指数降低 37.35%	狄浩（2013）
玉米	草地贪夜蛾	7.70g Si·kg^{-1} 土	发育历期延长 26.02%，羽化率降低 27.78%	洪鼎钊等（2021）
甘蔗	甘蔗条螟	750kg·hm^{-2} 基施硅肥	被害节数减少 38.09%，每株蛀道长度减少 61.78%	林兆里等（2021）

续表

作物种类	害虫种类	硅使用量	防治效果	文献来源
甘蔗	小蔗螟	750kg·hm^{-2} 基施硅肥	被蛀节减少57%	Oliva 等（2021）
甘蔗	蛀茎夜蛾	800kg·hm^{-2} 硅酸钙	每百根减少幼虫数52.8%	Nikpay 等（2015）
茄子	烟粉虱	2mmol·L^{-1} 硅酸钠溶液	被害指数减少19.23%～50.92%	Bakha 等（2023）
茄子	棕榈蓟马	15g·L^{-1} 硅酸钙喷施	第6次处理后害虫数量减少66%	Dia 等（2008）

（1）硅肥种类和施用方式对抗虫性的影响

硅对其抗虫性的调节作用与硅肥种类和施用方式有密切关系。按照其种类及施入方式，主要分为两类：土壤施用固体源硅肥或叶面喷淋硅酸盐硅肥（图7-2）。

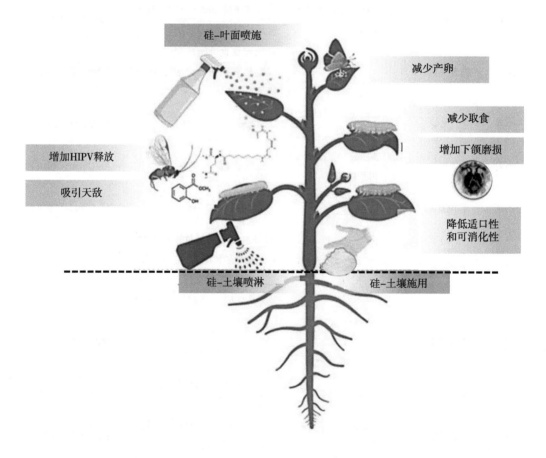

图7-2　硅肥施用方法及其抗虫性（Hassan et al., 2022）

大量研究表明，土壤施用固体硅酸钙（Ca_2SiO_4）能显著降低钻蛀性和刺吸性害虫的取食为害，但对食叶性害虫的取食为害未产生不利影响。硅酸钾与肥料混合施用能显著降低三叶草斑潜蝇（*Liriomyza trifolii*）对菊花的为害（Parrella et al., 2007）。Meyer 和 Keeping（2005）发现施用硅酸钙、硅酸钙岩矿、矿渣和粉煤灰对甘蔗的硅吸收和抗虫性的影响存在差异：相比于粉煤灰，硅酸钙施用显著降低甘蔗茎螟的为害；虽然矿渣硅肥所释放到土壤中的硅比硅酸钙多大约 3 倍，但其并未显著减轻甘蔗茎螟的为害。对于施用硅酸盐溶液的研究，Carvalho 等（1999）和 Basagli 等（2003）认为，施用硅酸钠的高粱和小麦会影响麦二叉蚜取食，缩短其成虫寿命，降低繁殖力，进而减轻为害。另一项研究表明，麦二叉蚜对施用硅酸钠溶液的高粱选择性降低（Costa and Moraes, 2002），提高高粱的抗虫性。对意大利黑麦草施用硅酸钠，显著减轻了蛀茎的麦秆蝇（*Oscinella frit*）幼虫的取食为害（Moore, 1984）。此外，黄瓜和茄子叶面喷施硅酸钙溶液，显著降低了烟粉虱（*Bemisia tabaci*）（Meyer and Keeping, 2005）和棕榈蓟马（*Thrips palmi*）（Dia et al., 2008）等虫害的危害性。

与传统的硅酸盐肥料相比，纳米硅更容易渗透到植物叶片中，能更有效地影响其形态和生理状况。在水培条件下，5mg/L 荧光二氧化硅纳米颗粒处理使水稻木质素含量增加了 30.13%，并且促进茎中形成二氧化硅细胞，从而增强了水稻对褐飞虱（*Nilaparvata lugens*）的抗性（Cheng et al., 2021）。已有研究表明，纳米硅影响昆虫的方式是导致其表皮脱水、堵塞气门和气管，通过吸附和磨损杀死昆虫（Shoaib et al., 2018）。用 0.4% 的二氧化硅纳米颗粒喷施玉米叶片，也能使黏虫（*Mythimna separata*）的摄食率降低 44%，并将其幼虫期从 26d 延长到 31d（Mousa et al., 2014）。纳米硅除了诱导植物抗虫性，还可以作为载体将农药高效地送到植物体内。Gao 等（2019）将阿维菌素负载到以中空中孔二氧化硅（HMS）作为载体的纳米农药中，28d 后对稻纵卷叶螟的虫害抑制率达到 54.86%，而传统农药阿维菌素的直接施用对虫害抑制率仅为 14.58%。

（2）硅对不同取食方式昆虫的影响

硅的施入对不同取食方式的植食性昆虫均有显著的影响。对于钻蛀型害虫，Keeping 等（2009）研究表明，施用硅肥增加了二氧化硅在甘蔗茎螟取食为害的主要部位如茎秆上表皮、节间和根带的累积，而这种硅沉积与甘蔗对蛀茎螟虫抗性呈现显著正相关关系；Hou 和 Han（2010）研究表明硅可以显著降低二化螟对水稻茎秆的取食并减缓二化螟的体重增加，同时延长幼虫在茎秆外的暴露时间以被天敌消灭和减慢其发育进程，因此施硅水稻可能直接通过减少害虫的取食和间接通过减缓发育进程来提高对二化螟的抗性。对于刺吸型害虫，施硅处理可显著降低小麦蚜虫的净增长率、内禀增长率、平均世代周期、周增长率，延长种群加倍时间（戚秀秀, 2021）。在防治棉花叶螨试验中，叶面喷施和基施都能够降低棉花叶片的受害指数（狄浩, 2013）。对于食叶型害虫，取食施硅水稻的稻纵卷叶螟（*Chaphalocrocis medina*）体重增量显著减少，且随着施硅浓度的上升，稻纵卷叶螟 4 龄幼虫发育历期与对照组相比显著延长 15.0%，存活率显著降低 14.1%，成虫在施硅处理水稻上的着卵率和着卵量也显著下降（韩永强 等，2017）。取食施硅处理的草地贪夜蛾发育期比对照延长 26.02%，羽化率下降 27.78%（洪鼎凯 等，2021），从而达到增强虫害抵抗能力的效果。

7.5 小结

矿质营养可以影响作物对病虫害的防御能力，被认为是调控作物病虫害的重要影响因素之一。作为地壳中含量第二的元素，硅虽然没有被定义为植物的必需元素，但是其在调控植物应对各种病虫害等生物胁迫抵御能力方面的作用已被许多学者证实。当前研究虽然对硅影响作物的抗病虫害机理进行了一定的探讨，但主要还是从物理结构屏障和生物化学诱导方面进行分析，分子调控机制方面的研究相对较少，并且调控病虫害等与硅相关的关键路径和生化途径尚不明确。在以后的研究中可以利用转录组、蛋白质组和代谢组等组学技术来系统全面地开展硅抵抗病虫害确切途径的靶向性研究，了解其调控的植物信号转导机制，从而为更加高效的使用硅肥奠定基础，为农业病虫害防控提质、增效、增产做出贡献。

（本章主著：刘晓）

参考文献

MAXWELL F G，翟凤林，袁士畴，等，1982. 植物抗虫育种 [M]. 北京：农业出版社.

戴景程，黄建国，王春连，等，2012. 病原菌保守性特征分子及其介导的植物抗病性 [J]. 微生物学通报，39（4）：553-565.

邓权清，2018. 硅对甘蔗黑穗病抗性的影响及生理基础 [D]. 广州：华南农业大学.

狄浩，2013. 硅提高棉花对叶螨抗性的生理机制 [D]. 石河子：石河子大学.

葛少彬，刘敏，蔡昆争，等，2014. 硅介导稻瘟病抗性的生理机理 [J]. 中国农业科学，47（2）：240-251.

韩永强，弓少龙，文礼章，等，2017. 水稻施用硅肥对稻纵卷叶螟幼虫取食和成虫产卵选择性的影响 [J]. 生态学报，37（5）：1623-1629.

洪鼎凯，2022. 施硅对甘蔗白条病的影响及其调控机制 [D]. 福州：福建农林大学.

洪鼎凯，卞润恬，库木克努尔，等，2021. 施硅玉米对草地贪夜蛾的影响 [J]. 南方农业学报，52（3）：589-595.

霍宏丽，2018. 硅酸钠提高马铃薯对黑痣病抗性及其生理生化抗病机制 [D]. 呼和浩特：内蒙古农业大学.

第七章 硅对生物胁迫的抗性提升

贾路瑶，刘丹丹，侯茂林，2020. 水稻施硅对白背飞虱刺吸和寄主选择行为的影响［J］. 昆虫学报，63（2）：199-206.

姜倪皓，2019. 硅介导番茄青枯病抗性的生理与转录调控机理［D］. 广州：华南农业大学.

李会平，黄大庄，杨敏生，等，2001. 林木抗虫机制研究进展［J］. 河北林果研究，16（1）：91-96.

李英浩，2023. 外源硅提高燕麦秆锈病抗性的生理及分子调控机制研究［D］. 呼和浩特：内蒙古农业大学.

连娇娇，2023. 硅酸钠诱导油茶抗炭疽病研究［D］. 长沙：中南林业科技大学.

林兆里，张华，罗俊，等，2021. 施用硅肥对甘蔗抗条螟性及其产量的影响［J］. 热带作物学报，42（4））：1071-1079.

刘彩云，常志隆，张福锁，等，2010. 不同硅制剂水培处理对小麦白粉病的作用效果及其机理的初步研究［J］. 植物病理学报，40（2）：222-224.

戚秀秀，2021. 施硅诱导小麦防御麦长管蚜（Sitobion avenae F.）抗性机制研究［D］. 郑州：河南农业大学.

孙万春，2008. 硅提高水稻对稻瘟病抗性的生理与分子机理［D］. 北京：中国农业科学院.

孙希武，2019. 硅肥对桃幼树生长及流胶病发生的影响［D］. 泰安：山东农业大学.

唐小平，冯颖，张元辉，1997. 水稻施硅效果研究［J］. 四川农业科技（4）：23.

王东勇，杨习文，贺德先，等，2014. 硅肥施用方式对小麦白粉病防治效果及籽粒淀粉含量与粉质特性的影响［J］. 山东农业科学，46（9）：78-82.

魏国强，2004. 硅提高黄瓜白粉病抗性和耐盐性的生理机制研究［D］. 杭州：浙江大学.

徐红霞，辛中尧，朱建兰，2006. 不同硅源制剂对葡萄白粉病的防治效果研究［J］. 甘肃农业科技（9）：3-5.

轩静渊，王辅，1991. 植物抗虫性概论[M]. 成都：四川科学技术出版社.

薛高峰，宋阿琳，孙万春，等，2010. 硅对水稻叶片抗氧化酶活性的影响及其与白叶枯病抗性的关系［J］. 植物营养与肥料学报，16（3）：591-597.

杨金生，束兆林，杨丽萍，等，1993. 硅肥对水稻病虫有抑制作用［J］. 植物保护，19（6）：48.

杨克泽，马金慧，吴之涛，等，2022. 可溶性硅和杀菌剂对禾谷镰孢活性影响及田间药效试验［J］. 玉米科学，30（4）：172-178.

杨浪，2017. 施硅增强水稻对褐飞虱抗性的机制［D］. 北京：中国农业科学院.

杨乃博，伍苏然，沈林波，等，2014. 植物抗虫性研究概况［J］. 热带农业科学，34（9）：61-68.

杨政坤，2022. 外源硅诱导黄瓜对枯萎病的抗性及其生理机理研究［D］. 洛阳：河南科技大学.

占丽平，2017. 硅诱导水稻防御拟禾本科根结线虫（Meloidogyne graminicola）的抗性机制初步研究［D］. 北京：中国农业科学院.

张国良，戴其根，张洪程，2006. 施硅增强水稻对纹枯病的抗性［J］. 植物生理与分子生物学学报（5）：600-606.

张月白，娄永根，2020. 植物与植食性昆虫化学互作研究进展［J］. 应用生态学报，31（7）：2151-2160.

ALI J G, AGRAWAL A A, 2012. Specialist versus generalist insect herbivores and plant defense[J]. Trends in Plant Science, 17(5): 293–302.

ALLAM A I, ABOU DOOH A M, 1995. Strategies for breeding varietal resistance to sugarcane stalk borer (*Chilo* spp.)[J]. Proceedings of the International Society of Sugar Cane Technologists, 22(2): 604–609.

AL-OBAIDY S H, 2019. Induced resistance in wheat plants to aphids by silicon[J]. Biochemical and Cellular Archives, 19(1): 1369–1371.

APPEL H M, 1993. Phenolics in ecological interactions: the importance of oxidation[J]. Journal of Chemical Cology, 19: 1521–1552.

ARSENAULT-LABRECQUE G, MENZIES J G, BÉLANGER R R, 2012. Effect of silicon absorption on soybean resistance to *Phakopsora pachyrhizi* in different cultivars[J]. Plant Disease, 96(1): 37–42.

BAKHAT H F, BIBI N, HAMMAD H M, et al., 2023. Effect of silicon fertilization on eggplant growth and insect population dynamics[J]. Silicon, 15(8): 3515–3523.

BASAGLI M A, MORAES J C, CARVALHO G A, et al., 2003. Effect of sodium silicate application on the resistance of wheat plants to the green-aphids *Schizaphis graminum* (Rond.)(Hemiptera: Aphididae)[J]. Neotropical Entomology, 32: 659–663.

BELANGER R R, 1995. Soluble silicon: its role in crop and disease management of greenhouse crops[J]. Plant Disease, 79(4): 329.

BELANGER R R, BENHAMOU N, MENZIES J G, 2003. Cytological evidence of an active role of silicon in wheat resistance to powdery mildew (*Blumeria graminis* f. sp. *tritici*)[J]. Phytopathology, 93(4): 402–412.

BITTEL P, ROBATZEK S, 2007. Microbe-associated molecular patterns (MAMPs) probe plant immunity[J]. Current Opinion in Plant Biology, 10(4): 335–341.

BOWEN P, MENZIES J, EHRET D, et al., 1992. Soluble silicon sprays inhibit powdery mildew development on grape leaves[J]. Journal of the American Society for Horticultural Science, 117(6): 906–912.

BURDMAN S, JURKEVITCH E, OKON Y, 2000. Recent advances in the use of plant growth promoting rhizobacteria (PGPR) in agriculture.[J]. Microbial Interactions in Agriculture and Forestry (Volume Ⅱ): 229–250.

CAI K, GAO D, LUO S, et al., 2008. Physiological and cytological mechanisms of silicon-induced resistance in rice against blast disease[J]. Physiologia Plantarum, 134(2): 324-333.

CAI X, SUN X, GAO Y, et al., 2008. Herbivore-induced plant volatiles: from induction to ecological functions[J]. Chin J Appl Entomol, 28(8): 3969-3980.

CARVALHO S P, MORAES J C, CARVALHO J G, 1999. Silica effect on the resistance of *Sorghum bicolor* (L) Moench to the greenbug *Schizaphis graminum* (Rond.)(Homoptera: Aphididae)[J]. Anais da Sociedade Entomologica do Brasil, 28: 505-510.

CHENG B, CHEN F, WANG C, et al., 2021. The molecular mechanisms of silica nanomaterials enhancing the rice (*Oryza sativa* L.) resistance to planthoppers (*Nilaparvata lugens* Stal)[J]. Science of The Total Environment, 767: 144967.

CHÉRIF M, ASSELIN A, BÉLANGER R R, 1994. Defense responses induced by soluble silicon in cucumber roots infected by *Pythium* spp.[J]. Phytopathology, 84(3): 236-242.

COSTA R R, MORAES J C, 2002. Resistance induced in sorghum by sodium silicate and initial infestation by the green aphid *Schizaphis graminum*[J]. Ecossistema, 27: 37-39.

DALLAGNOL L J, RODRIGUES F A, PASCHOLATI S F, et al., 2015. Comparison of root and foliar applications of potassium silicate in potentiating post-infection defences of melon against powdery mildew[J]. Plant Pathology, 64(5): 1085-1093.

DE VOS M, VAN OOSTEN V R, VAN POECKE R M, et al., 2005. Signal signature and transcriptome changes of *Arabidopsis* during pathogen and insect attack[J]. Molecular Plant-microbe Interactions, 18(9): 923-937.

DIA DE ALMEIDA G, PRATISSOLI D, COLA ZANUNCIO J, et al., 2008. Calcium silicate and organic mineral fertilizer applications reduce phytophagy by *Thrips palmi* Karny (Thysanoptera: Thripidae) on eggplants (*Solanum melongena* L.)[J]. Interciencia, 33(11): 835-838.

DORAIRAJ D, ISMAIL M R, 2017. Distribution of silicified microstructures, regulation of cinnamyl alcohol dehydrogenase and lodging resistance in silicon and paclobutrazol mediated *Oryza sativa*[J]. Frontiers in Physiology, 8: 491.

ERB M, REYMOND P, 2019. Molecular interactions between plants and insect herbivores[J]. Annual Review of Plant Biology, 70: 527-557.

FAWE A, ABOU-ZAID M, MENZIES J G, et al., 1998. Silicon-mediated accumulation of flavonoid phytoalexins in cucumber[J]. Phytopathology, 88(5): 396-401.

FU Z Q, Dong X, 2013. Systemic acquired resistance: turning local infection into global defense[J]. Annual Review of Plant Biology, 64(1): 839-863.

GAO Y, ZHANG Y, HE S, et al., 2019. Fabrication of a hollow mesoporous silica hybrid to improve the targeting of a pesticide[J]. Chemical Engineering Journal, 364: 361-369.

GERMAR B, 1934. Some functions of silicic acid in cereals with special reference to resistance to mildew[J]. Z. Pflanzenemähr Düng. Bodenk, 35: 102-115.

GOUSSAIN M M, PRADO E, MORAES J C, 2005. Effect of silicon applied to wheat plants on the biology and probing behaviour of the greenbug *Schizaphis graminum* (Rond.)(Hemiptera: Aphididae)[J]. Neotropical Entomology, 34: 807–813.

HAN Y Q, LIU C, HOU M L, 2010. Silicon-mediated effects of rice plants on boring behavior of chilo suppressalis larvae[J]. Acta Ecol. Sin, 30(21): 5967–5974.

HANLEY M E, LAMONT B B, FAIRBANKS M M, et al., 2007. Plant structural traits and their role in anti-herbivore defence[J]. Perspectives in Plant Ecology, Evolution and Systematics, 8(4): 157–178.

HASSAN ETESAMI, ABDULLAH H., HASSAN EL-RAMADY, et al., 2022. Silicon and nano-silicon in environmental stress management and corp quality improvement[M]. Amsterdam: Elsevier.

HOU M, HAN Y, 2010. Silicon-mediated rice plant resistance to the Asiatic rice borer (Lepidoptera: Crambidae): effects of silicon amendment and rice varietal resistance[J]. Journal of Economic Entomology, 103(4): 1412–1419.

HUNTER M D, WILLMER P G, 1989. The potential for interspecific competition between two abundant defoliators on oak: leaf damage and habitat quality[J]. Ecological Entomology, 14(3): 267–277.

IMTIAZ M, RIZWAN M S, MUSHTAQ M A, et al., 2016. Silicon occurrence, uptake, transport and mechanisms of heavy metals, minerals and salinity enhanced tolerance in plants with future prospects: a review[J]. Journal of Environmental Management, 183: 521–529.

JIANG D, 1989. Silicon enhances resistance of barley to powdery mildew (*Erysiphe graminis* f. sp. *hordei*)[J]. Phytopathology, 79: 1198.

KABLAN L, LAGAUCHE A, DELVAUX B, et al., 2012. Silicon reduces black sigatoka development in banana[J]. Plant Disease, 96(2): 273–278.

KANTO T, MIYOSHI A, OGAWA T, et al., 2006. Suppressive effect of liquid potassium silicate on powdery mildew of strawberry in soil[J]. Journal of General Plant Pathology, 72: 137–142.

KARBAN R, NHHO C, 1995. Induced resistance and susceptibility to herbivory: plant memory and altered plant development[J]. Ecology, 76(4): 1220–1225.

KEEPING M G, KVEDARAS O L, BRUTON A G, 2009. Epidermal silicon in sugarcane: cultivar differences and role in resistance to sugarcane borer *Eldana saccharina*[J]. Environmental and Experimental Botany, 66(1): 54–60.

KLOEPPER J W, RYU C M, ZHANG S, 2004. Induced systemic resistance and promotion of plant growth by *Bacillus* ssp[J]. Phytopathology, 94(11): 1259.

KVEDARAS O L, KEEPING M G, 2007. Silicon impedes stalk penetration by the borer *Eldana saccharina* in sugarcane[J]. Entomologia Experimentalis et Applicata, 125(1):

103-110.

LEROY N, De TOMBEUR F, WALGRAFFE Y, et al., 2019. Silicon and plant natural defenses against insect pests: impact on plant volatile organic compounds and cascade effects on multitrophic interactions[J]. Plants, 8(11): 444.

LEUSCH H J, BUCHENAUER H, 1989. Effect of soil treatments with silica-rich lime fertilizers and sodium trisilicate on the infection of wheat by *Erysiphe graminis* and *Septoria nodorum* in relation to the form of N fertilizer.[J]. J Plant Dis Prot, 96:154-72.

LIANG Y C, SUN W C, SI J, et al., 2005. Effects of foliar-and root-applied silicon on the enhancement of induced resistance to powdery mildew in *Cucumis sativus*[J]. Plant Pathology, 54(5): 678-685.

LIU J T, LIU Y L, CHENG Z, et al., 2015. Electrochemical monitoring of cell wall-regulated transient extracellular oxidative burst from single plant cells[J]. Journal of Electrochemistry, 21(1): 29.

LOON L C V, Bakker P A H M, 2005. Induced systemic resistance as a mechanism of disease suppression by rhizobacteria. PGPR: biocontrol and biofertilization[J]. Springer Netherlands.

MALECK K, DIETRICH R A, 1999. Defense on multiple fronts: how do plants cope with diverse enemies[J]. Trends in Plant Science, 4(6): 215-219.

MALVICK D K, PERCICH J A, 1993. Hydroponic culture of wild rice (*Zizania palustris* L.) and its application to studies of silicon nutrition and fungal brown spot disease[J]. Canadian Journal of Plant Science, 73(4): 969-975.

MASSEY F P, ENNOS A R, HARTLEY S E, 2006. Silica in grasses as a defence against insect herbivores: contrasting effects on folivores and a phloem feeder[J]. Journal of Animal Ecology, 75(2): 595-603.

MASSEY F P, HARTLEY S E, 2009. Physical defences wear you down: progressive and irreversible impacts of silica on insect herbivores[J]. Journal of Animal Ecology, 78(1): 281-291.

MCCOLLOCH J W, SALMON S C, 1923. The resistance of wheat to the Hessian fly: a progress report[J]. Journal of Economic Entomology, 16(3): 293-298.

MENZIES J, BOWEN P, EHRET D, et al., 1992. Foliar applications of potassium silicate reduce severity of powdery mildew on cucumber, muskmelon, and zucchini squash[J]. Journal of the American Society for Horticultural Science, 117(6): 902-905.

MEYER J H, KEEPING M G, 2005. Impact of silicon in alleviating biotic stress in sugarcane in South Africa.[J]. Sugarcane International, 23: 14-18.

MIYAKE Y, TAKAHASHI E, 1983. Effect of silicon on the growth of cucumber plant in soil culture[J]. Soil Science and Plant Nutrition, 29(4): 463-471.

MOORE D, 1984. The role of silica in protecting Italian ryegrass (*Lolium multiflorum*) from attack by dipterous stem-boring larvae (Oscinellafiit and other related species)[J]. Annals of Applied Biology, 104(1): 161–166.

MOUSA K M, ELSHARKAWY M M, KHODEIR I A, et al., 2014. Growth perturbation, abnormalities and mortality of oriental armyworm *Mythimna separata* (Walker) (Lepidoptera: Noctuidae) caused by silica nanoparticles and *Bacillus thuringiensis* toxin[J]. Egyptian Journal of Biological Pest Control, 24(2): 347.

NIKPAY A, SOLEYMAN-NEJADIAN S, GOLDASTEH S, et al., 2015. Response of sugarcane and sugarcane stalk borers *Sesamia* spp. (Lepidoptera: Noctuidae) to calcium silicate fertilization[J]. Neotrop Entomol, 44:498–503.

OLIVA K M E, DA SILVA F B V, ARAÚJO P R M, et al., 2021. Amorphous silica-based fertilizer increases stalks and sugar yield and resistance to stalk borer in sugarcane grown under field conditions[J]. Journal of Soil Science and Plant Nutrition, 21(3): 2518–2529.

ONGENA M, JOURDAN E, ADAM A, et al., 2007. Surfactin and fengycin lipopeptides of bacillus subtilis as elicitors of induced systemic resistance in plants[J]. Environmental Microbiology, 9(4): 1084–1090.

PARRELLA M P, COSTAMAGNA T P, KASPI R, 2007. The addition of potassium silicate to the fertilizer mix to suppress *Liriomyza leafminers* attacking chrysanthemums[J]. Acta Horticulturae, 747: 365–369.

PIETERSE C M J, ZAMIOUDIS C, BERENDSEN R L, et al., 2014. Induced systemic resistance by beneficial microbes[J]. Annual Review of Phytopathology, 52(52): 347.

PONNAIYA B, 1951. Studies in the genus Sorghum: II. The cause of resistance in Sorghum to the insect pest *Atherigona indica* M.[J]. Madras University Journal, 21: 203–217.

RAHMAN A, WALLIS C M, UDDIN W, 2015. Silicon-induced systemic defense responses in perennial ryegrass against infection by *Magnaporthe oryzae*[J]. Phytopathology, 105(6): 748–757.

REYNOLDS O L, PADULA M P, ZENG R, et al., 2016. Silicon: potential to promote direct and indirect effects on plant defense against arthropod pests in agriculture[J]. Frontiers in Plant Science, 7: 744.

RODRIGUES F A, DUARTE H, DOMICIANO G P, et al., 2009. Foliar application of potassium silicate reduces the intensity of soybean rust[J]. Australasian Plant Pathology, 38(4): 366–372.

RODRIGUES F A, JURICK W M, DATNOFF L E, et al., 2005. Silicon influences cytological and molecular events in compatible rice-*Magnaporthe grisea* interactions[J]. Physiological and Molecular Plant Pathology, 66: 144–159.

RODRIGUES F A, MCNALLY D J, DATNOFF L E, et al., 2004. Silicon enhances the accumulation of diterpenoid phytoalexins in rice: a potential mechanism for blast resistance[J]. Phytopathology, 94(2): 177−183.

RODRIGUES F Á, VALE F X, DATNOFF L E, et al., 2003. Effect of rice growth stages and silicon on sheath blight development[J]. Phytopathology, 93(3): 256−261.

SAMUELS AL, GLASS ADM, EHRET DL, et al., 1991. Distribution of silicon in cucumber leaves during infection by powdery mildew fungus (*Sphaerotheca fuliginea*)[J]. Can J Bot, 69:140−146.

SEGONZAC C, ZIPFEL C, 2011. Activation of plant pattern−recognition receptors by bacteria[J]. Current Opinion in Microbiology, 14(1): 54−61.

SHETTY R, JENSEN B, SHETTY N P, et al., 2012. Silicon induced resistance against powdery mildew of roses caused by *Podosphaera pannosa*[J]. Plant Pathology, 61(1): 120−131.

SHOAIB A, ELABASY A, WAQAS M, et al., 2018. Entomotoxic effect of silicon dioxide nanoparticles on *Plutella xylostella* (L.)(Lepidoptera: plutellidae) under laboratory conditions[J]. Toxicological & Environmental Chemistry, 100(1): 80−91.

YE M, SONG Y, LONG J, et al., 2013. Priming of jasmonate−mediated antiherbivore defense responses in rice by silicon[J]. Proceedings of the National Academy of Sciences, 110(38): E3631−E3639.

YE W, MUNEMASA S, SHINYA T, et al., 2020. Stomatal immunity against fungal invasion comprises not only chitin−induced stomatal closure but also chitosan−induced guard cell death[J]. Proceedings of the National Academy of Sciences, 117(34): 20932−20942.

第八章
硅在隐性逆境条件下对作物生产力的影响

粮食安全直接关系到人类健康、社会稳定和经济发展，是全球各国政府和国际组织密切关注的重要问题。随着生态环境破坏的不断加剧和世界人口的持续增长，我们面临着一个令人担忧的现实：全球粮食生产将可能无法满足世界人口的需求（Etesami and Jeong, 2018）。据预测，未来50年内，全球人口将从目前约70亿增加到约100亿（Glick, 2014），庞大的人口增长趋势对农业生产造成了巨大的挑战，耕地规模继续扩大的空间有限，水肥资源已濒临可持续利用的极限，采取有效技术路径实现农作物单产的大面积提升迫在眉睫。

硅对于作物生产力的影响并非只存在于土壤盐碱化、重金属污染、气象胁迫等可见可感的显性逆境条件下，并且还存在于在当前逆境划分标准下的非逆境条件下。如本书第一章所言，对于作物生长而言，完全的无逆境条件不管在实验室条件还是在田间试验条件下都是不可能存在的。在本书中将已有的逆境划分标准下的非逆境条件称之为隐性逆境。本章对全球所报道的关于隐性逆境下的硅元素作物生产力提升作用进行了系统论述。

8.1 硅在隐性逆境条件下对作物生产力影响的统计分析

FAO统计数据显示，2022年全球产量前10的作物包括7种粮食作物（玉米、小麦、水稻、马铃薯、大豆、木薯和大麦）和3种经济作物（甘蔗、甜菜和番茄）。而在这10种作物中，根据Hodson等（2005）对不同作物地上部硅含量比较显示，其中有7种作物硅含量大于1.0%，属于高硅积累植物（图8-1）。当今在世界各地的多种作物生产系统中硅肥的应用非常普遍，大量研究表明硅对作物生长和产量提升具有积极作用。在施入水平 $1 \sim 2.5 \text{mmol} \cdot \text{L}^{-1}$ 范围内，硅对水稻（Yan et al., 2020; Singh et al., 2021）、小麦（Keller et al., 2015）、玉米（Abdel and Tran et al., 2019）、高粱（Chen et al., 2016）、黄瓜（Pavlovic et al., 2013）、棉花（Ali et al., 2016）、烟草（Flora et al., 2019）和咖啡（Cunha et al., 2012）的生长均产生有益影响。一项关于不同生态型水稻对硅素施用的响应研究发现，稻谷产量与剑叶中 SiO_2 含量呈正相关关系，有 8 种生态型水稻在施硅后两年平均产量翻了一倍（Winslow et al.，1997）。同时，施硅可显著增加主要生育阶段的干物质积累量（韦还和 等，2016），可刺激氨基酸再活化，导致初级代谢的改变，在提高水稻氮效率的同时提高产量（Detmann et al.，2012）。目前，许多国家如中国、日本、巴西和美国等都广泛采用施用硅肥作为提高作物产量和维持农业可持续生产的重要措施（Ma and Takahashi，2002；Liang et al.，2015；Borges et al.，2016；Tubana et al.，2016）。

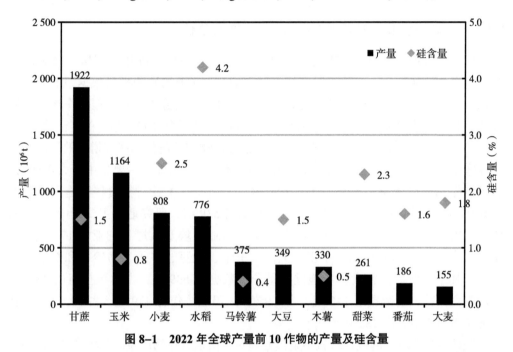

图 8-1　2022 年全球产量前 10 作物的产量及硅含量

[产量数据来源于联合国粮农组织统计数据库（https://www.fao.org/faostat/zh/#home），菱形右侧数值为根据 Hodson 等 (2005) 报告的不同植物地上部硅含量估算的平均值]

干物质积累是影响作物产量形成的重要因素，在一定范围内干物质积累量越多，产量越高（Bidinger et al.，1977；仝锦 等，2020），因此，通过合理农艺措施提高干物质积累是获得高产的重要途径。关于施硅对作物产量/干物质积累/生物量的影响在不同农田作物生态系统中有较大差异，其受试验类型、试验区域、作物种类等因素的影响较大，因此，本章对不同作物施硅的产量效应进行了综合的、多尺度的分析，探讨了不同因素下硅肥的产量影响效应。通过这一全面深刻的分析，旨在为农业生产提供具体翔实的数据和科学的硅肥使用建议，为促进全球农业系统的可持续发展提供理论基础。以"硅&产量/生物量/干物质"和"Si&yield/biomass/dry matter weight"为关键词，在中国知网（CNKI）和 Web of Science（WOS）检索国内 1980—2023 年对外公开发表的关于硅肥对作物生长及产量相关的研究论文。排除关于盐碱胁迫、重金属胁迫、气象灾害胁迫和生物胁迫等，共搜集文献 518 篇，最终纳入分析的文献一共 320 篇。所有原始数据或从文本、表格中直接提取，或利用 Get Data Graph Digitizer 软件对以图片形式呈现的数据进行提取。最终从 320 篇文献中，共提取整理有效数据组 1 418 组。

文献收集及分析表明，由于不同试验类型、试验区域、作物种类、田间自然条件和栽培管理条件等因素的差异，硅肥对作物生长及产量的效应影响不同。为进一步探明作物生长及产量在不同因素下对硅肥的响应特征，将获得的数据按照试验类型（大田试验和盆栽/室内试验）、试验区域（国家）和作物种类（粮食作物和经济作物）进行了分类。

8.1.1 施硅对大田/盆栽作物不同增产效果分析

从全球范围文献数据收集来看，关于大田和盆栽作物施用硅肥增产效果的研究分别有 116 项和 204 项，本研究组同时提取产量/干物质积累量数据组 668 组和 749 组，该类研究的研究区域跨越多个大洲和国家，覆盖了不同类型的作物、气候条件、土壤条件和耕作制度，表明硅肥增产效应受到了全球农业生产的广泛关注。

图 8-2（文后彩图 5）为全球不同国家粮食作物和经济作物施硅增产效果图。从全球作物施硅研究的分布类型来看，粮食作物施硅应用效果主要集中于大田研究，而经济作物施硅效果主要集中于盆栽研究。大田条件下针对粮食作物施用硅肥的研究 93 项，共提取产量/干物质积累量数据组 539 组，研究地点主要集中于中国、印度、巴基斯坦、美国、巴西、波兰、哥伦比亚、埃及、尼日利亚等 17 个国家，主要粮食作物类型有水稻、小麦、大麦、玉米、大豆、谷子、马铃薯和豌豆（图 8-2）。其中，对大田粮食作物施硅产量分析数据组 539 组，占总数据组的 38.0%；盆栽粮食作物分析数据组 140 组，占 9.9%；大田经济作物 479 组，占 33.8%；盆栽经济作物 260 组，占 18.3%。

统计结果显示，施硅处理较不施硅处理对大田粮食作物产量/干物质积累量的增加率（以下简称增产率）浮动范围较大，为 0.5%～182.1%，平均增产率为 17.5%，具体而言，增产率达到 0～10%（含 10%）、10%～20%（含 20%）、20%～30%（含 30%）、30% 以上的研究分别占比 20.3%、21.3%、9.1%、14.0%，无增产效果的数据占比 35.3%。关于大田条件下经济作物施硅的研究共收集到 33 项，提取产量/干物质积累量数据组 140 组，这些研究主要集中于中国、印度、巴西、埃及等国家，涉及的作物类型包括油菜和花生（油料作物），甘蔗和甜菜（糖料作物），番茄和南瓜（蔬菜类），芒果、甜瓜和葡萄（果类）等。大田条件下，经济作物施硅的增产率为 0.8%～168.0%，平均增产率为 16.3%。增产率 0～10%（含 10%）、10%～20%（含 20%）、20%～30%（含 30%），30% 以上分别占比 13.4%、10.6%、4.9%、13.4%。

筛选盆栽条件下针对粮食作物施用硅肥的研究 126 项，共提取产量/干物质积累量数据组 468 组，研究地点涉及中国、巴基斯坦、泰国、印度、巴西、波兰、美国、突尼斯等 25 个国家，主要粮食作物的类型有水稻、小麦、玉米、大豆、豌豆、高粱等（图 8-2）。结果显示，66.9% 以上研究案例表明施硅对粮食作物具有显著的增产效应，增产率在 0.5%～573.7%，平均增产率为 42.6%。筛选盆栽条件下经济作物施硅的研究59项，提取到产量/干物质积累量数据组261组，研究地点包括中国、美国、埃及、巴西、泰国、土耳其、西班牙等13个国家，涉及黄瓜、番茄、葡萄、网纹瓜、甘蔗等17种作物类型，148组数据显示盆栽条件下施硅对经济作物有显著增产作用，增产范围为1.6%～192.9%，平均增产率为27.7%。

8.1.2 施硅对不同粮食作物的增产效果分析

（1）水稻

水稻是高硅积累植物，根系较其他植物从土壤中吸收硅的能力更强（Mitani and Ma, 2005），施用硅肥在水稻生产中可以带来更为显著的收益（Yan et al., 2020; Singh et al., 2021）。搜集到48项大田条件下关于施用硅肥对水稻产量影响的研究，涵盖了中国、印度、越南、韩国、日本、伊朗、美国、哥伦比亚、尼日利亚和卢旺达等10个不同的国家，共提取产量/干物质积累量数据组266组，以中国数据最多，达到115组，占比43.2%，其次为印度，占比22.2%。从全球范围看，70%以上数据显示施用硅肥能够显著提升水稻产量/干物质积累量，硅肥施用对水稻增产30%以上的研究案例占总研究案例的21.1%，增产20%～30%的案例占比为10.9%。从总的增产率来看，硅肥对水稻增产率范围为0.6%～71.2%，平均增产率为24.5%。在中国，超过50%的数据显示施用硅肥可以显著提高水稻产量，增产率为0.6%～55.3%，平均增产率为8.0%，硅肥施用对水稻的增产率在30%以上的研究案例占总研究案例的10.4%（图8-3，文后彩图6）。

硅肥对水稻产量的影响也得到了广泛的盆栽试验验证，对来自中国、印度、巴西、泰国、美国、伊朗、西班牙、巴基斯坦、孟加拉国、加拿大、日本、英国、塞尔维亚、菲律宾、韩国、马来西亚和比利时等16个国家的70项研究进行分析，共提取产量/干物质积累量数据150组。结果显示，盆栽条件下施硅显著增加水稻产量的研究案例共104组，增产率在2.2%～95.2%，平均为20.9%。进一步分析发现，增产率位于0～10%（含10%）、10%～20%（含20%）、20%～30%（含30%）和30%以上区间的分别占比为5.3%、16.7%、15.3%和32.0%，无显著影响数据占比为30.7%（图8-3）。

（2）小麦

研究组收集到关于大田条件下施硅对小麦产量影响的研究22项，覆盖了中国、印度、伊朗、巴基斯坦、美国、巴西、波兰等7个国家，共提取产量/干物质积累量数据91组，其中50组数据显示硅肥对小麦产量有显著的提升效果，增产率为2.3%～72.9%，平均为12.6%。从全球分布来看，大田条件下小麦施硅增产率在0～10%（含10%）、10%～20%（含20%）、20%～30%（含30%）和30%以上区间的分别占比12.1%、16.5%、12.1%和14.3%。筛选14项我国大田小麦施硅的研究案例，提取产量/干物质积累量数据26组，其中15组数据显示施硅可显著提升小麦产量，增产率为3.8%～22.1%，平均为5.4%（图8-4，文后彩图7）。

对中国、巴基斯坦、印度、土耳其、德国、英国、塞尔维亚、突尼斯、阿根廷等9

个国家的33项盆栽试验的148组数据样本进行分析,在小麦盆栽试验中,施硅平均增产率为68.6%,8.2%数据显示施硅可使作物增产0~30%,47.3%数据显示施硅可使小麦增产30%以上。其中施硅的盆栽小麦增产率最小为8.6%,增产率最大的数据出现在巴基斯坦的一项研究中,施用6mmol·L^{-1}硅可使小麦地上部干重增加573.7%(图8-4)。

(3)其他粮食作物

筛选出大田条件下硅肥对玉米、大麦、谷子、大豆、豌豆和马铃薯等粮食作物产量影响的研究23项,这些研究主要来自中国、巴基斯坦、韩国、智利、美国、巴西等12个国家,共提取到170组产量/干物质积累量数据,其中显著增产数据128组,增产率0.8%~182.1%,平均增产率21.9%。具体而言,玉米、大麦、谷子、大豆、豌豆和马铃薯增产率分别为0.9%~48.5%、4.9%~182.1%、0.8%~9.6%、10.2%~107.9%、7.0%~16.4%和28.3%~56.2%,平均增产率分别为9.9%、34.0%、3.0%、35.0%、12.4%、21.4%。在中国,关于谷子和大麦的6项研究中,提取数据22组,其中9组数据表明施用硅肥可使作物增产4.1%~17.4%,平均增产3.2%(图8-5)。

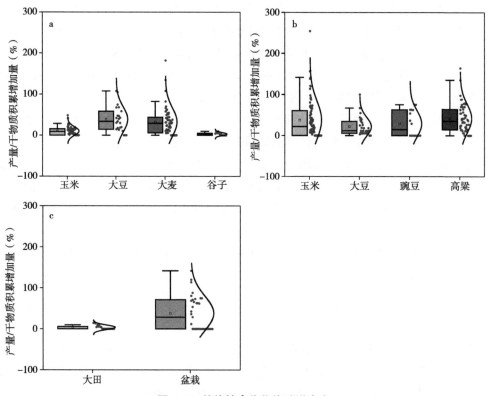

图8-5 其他粮食作物施硅增产率

a.全球大田玉米、大豆、大麦、谷子施硅增产率;b.全球盆栽玉米、大豆、豌豆、高粱施硅增产率;c.中国玉米、大豆、豌豆、谷子施硅增产率

基于42项关于玉米、大豆、豌豆、高粱等粮食作物盆栽研究,提取到产量/干物质积累量数据191组,其中147组数据显示施硅对产量有显著的提升作用。施

硅可使玉米、大豆、豌豆、高粱的产量分别提升2.9%～254.7%、3.3%～66.8%、28.8%～75.0%、0.5%～164.2%，平均增产率分别为40.4%、18.3%、44.0%、36.9%。在中国的7项研究中，提取数据35组，19组数据显示施用硅肥可使作物增产11.8%～141.7%，平均增产38.1%（图8-5）。

8.1.3 施硅对不同经济作物的增产效果分析

在大田研究中，对于糖料作物如甘蔗和甜菜，中国、巴基斯坦、巴西、埃及、波兰和伊朗等7个国家进行了11项硅肥施用试验，从这些研究中提取产量/干物质积累量数据83组，其中57组数据显示施硅有显著的增产作用，增产率为为0.8%～168.0%，平均为26.1%。2项中国进行的关于油料作物花生和油菜的研究发现，12组产量/干物质积累量数据中8组数据表现为显著增产，增产率为8.0%～14.4%，平均为6.8%。对于蔬菜和水果类作物，收集到中国、印度、巴西、美国和埃及等国家的10项相关研究，提取到产量/干物质积累量数据45组，其中，显著增产数据28组，增产率8.7%～92.7%，平均为22.9%。收集到中国关于大田经济作物施硅研究4项，提取到数据23组，其中16组数据表明硅肥对大田经济作物有显著提升作用，增产率8.0%～86.1%，平均为14.0%（图8-6）。

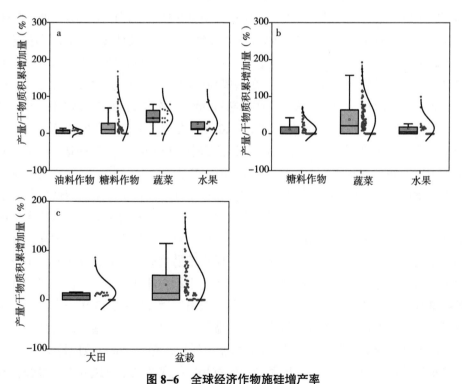

图8-6 全球经济作物施硅增产率

a.全球大田经济作物施硅增产率；b.全球盆栽经济作物施硅增产率；c.中国经济作物施硅增产率

盆栽试验中，筛选出11项糖料作物施硅研究，研究地点为中国和巴西，提取到产量/干物质积累量数据72组，其中32组数据表现为显著增产，增产率

2.1%～70.2%，平均11.7%。蔬菜和水果类研究更为广泛，收集到中国、印度、埃及、沙特阿拉伯、美国、西班牙、塞尔维亚等13个国家的共48项研究，从中提取产量/干物质积累量数据189组，其中116组数据表明施硅对蔬菜和水果类有显著的增产效应，增产率1.6%～192.9%，平均增产33.7%。中国关于盆栽经济作物施硅研究9项中，94组产量/干物质积累量数据中有59组数据表明硅肥对大田经济作物有显著提升作用，增产率1.6%～175.4%，平均为30.7%（图8-6）。

8.2 硅在隐性逆境条件下对作物生产力影响的实证研究

在进行了长期大量的基础性试验后，2022—2023年，中国农业科学院农业环境与可持续发展研究所、淄博数字农业农村研究院、淄博市农业科学研究院、淄博乐悠悠农业科技有限公司在山东、安徽、新疆等地开展了水溶性硅肥应用效果实证研究，并对试验结果进行了总结分析。

8.2.1 硅肥施用对粮食作物产量影响的试验应用

2022—2023年，在淄博市临淄区5处、周村区6处、高青县4处、高新区1处、文昌湖区1处，潍坊市坊子区3处，济宁市梁山县2处，滨州市惠民县1处，安徽省颍上县和濉溪县各1处，新疆维吾尔自治区奇台县1处，共计26处开展了小麦叶面喷施含硅水溶肥对比试验。试验结果表明，在不同试验地点，叶面喷施水溶性硅肥对小麦产量有显著的提升作用。其中，在一般高产田，增产率为4.4%～33.3%，六成以上增幅集中于10%～20%，3%增产率超过30%，平均增产率为14.7%；亩纯增收55.3～269.3元，七成以上亩纯增收超过150元；九成以上投入产出比超过1∶1。在潍坊市坊子区一低产旱田，喷施水溶性硅肥亩增产179.7kg，增产率达53.9%，亩增成本51.6元，亩纯增收达415.5元，投入产出比高达1∶8.1（图8-7，文后彩图8）。

对其增产效应进行分析，增产因素主要为以下几方面：①施用水溶性硅肥的小麦茎秆粗壮，基部茎秆机械强度和抗倒伏能力大幅度提高，26处示范测产点均未出现小麦倒伏现象；②喷施硅肥的农作物茎叶挺直，遮阴减少，叶片光合作用增强；③喷施硅肥后小麦细胞壁增厚，形成角质双硅层，昆虫不易咬动，病菌难以入侵，小麦抗病抗虫的能力显著提升；④喷施硅肥后作物韧皮部组织中硅含量增加，协调氮磷钾各元素的平衡吸收，促进小麦根系生长发育，预防根系腐烂和早衰；⑤在小麦遭受冻害的地片试验证明，喷施含硅水溶肥料能增加分蘖数量、提高分蘖成穗率，特别是冬季冻害较重的区域，春季分蘖数量及成穗率都大幅度增加，春季分蘖有效成穗率显著提高，减少了冻害造成的损失；⑥喷施硅肥后小麦抗旱、抗寒和抗干热风的能力增强，叶片功能期延长，灌浆期延长3～5d（图8-8，图8-9；文后彩图9，文后彩图10）。

试验研究结果表明，硅肥施用可以提高土壤的团粒稳定性，改善土壤通气性和保水性，增加土壤养分有效性，也可以提高作物叶绿素含量和光合效率，促进根系发育及增加根系导水率,对于促进盐碱地利用及提高作物耐盐性具有重要作用。在高青县盐碱地区域,底施缓释硅结合叶面喷施水溶性硅肥,水稻产量较对照显著增加53.6%,亩纯增收273.3元,投入产出比为1:1.5,有效提高了盐碱耕地粮食产量和效益,为轻度盐碱地粮食产能提升提供了技术支撑。在玉米生产上,研究团队在淄博、潍坊和济宁6处进行玉米含硅水溶肥对比试验,增产幅度为9.2%~16.9%,亩纯增收最高达232.7元,投入产出比为1:6.8(图8-10)。

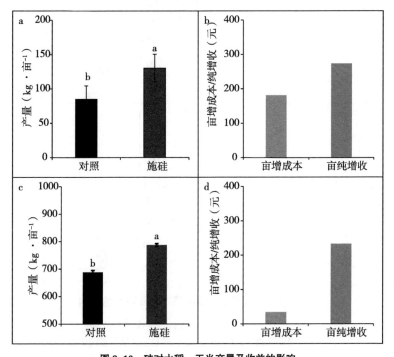

图 8-10 硅对水稻、玉米产量及收益的影响

a. 施硅对盐碱地水稻产量的影响;b. 施硅对盐碱地水稻收益的影响;
c. 施硅对玉米产量的影响;d. 施硅对玉米收益的影响

8.2.2 硅肥施用对水果产量影响的试验应用

针对硅肥施用对水果产量增加的影响效应,研究团队在沂源县中庄镇、源泉镇分别开展了苹果、猕猴桃含硅水溶肥喷施对比试验。试验结果表明,喷施水溶性硅肥可显著提升苹果产量,试验区域内苹果每亩产量提高445.5kg,增产率达27.6%;亩增施用成本151.2元,亩均增收4 449.2元,投入产出比为1:29.4。在猕猴桃生产上,喷施水溶性硅肥亩产量增加887.1kg,增产率28.4%;亩增施用成本89.9元,亩均增收8 781.2元,投入产出比高达1:97.7(图8-11)。

除产量提升外,施用硅肥可有效改善水果品质。叶面喷施硅肥后,苹果果实硬度、果肉硬度、可溶性固形物、可溶性总糖、可滴定酸、维生素C含量分别提升19.6%、18.9%、14.7%、21.7%、25.0%、10.7%;猕猴桃果肉硬度、可溶性固形物、可溶性总糖、维生素C含量、固酸比、糖酸比分别提升7.0%、9.7%、11.5%、83.7%、

9.8%、8.1%；秋月梨果实硬度、果肉硬度、可溶性固形物、可溶性总糖、可滴定酸、维生素 C 含量分别提升 13.2%、11.9%、3.6%、12.6%、20.4%、48.6%。

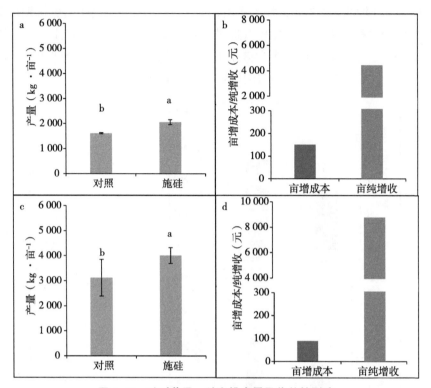

图 8-11　硅对苹果、猕猴桃产量及收益的影响

a. 施硅对苹果产量的影响；b. 施硅对苹果收益的影响；
c. 施硅对猕猴桃产量的影响；d. 施硅对猕猴桃收益的影响

通过全球文献统计分析及实证研究表明，在隐性逆境条件下，作物产量和品质的提升与光合作用增强、植株株型和群体结构改善、生育期延长、水肥利用效率提升及对隐性逆境的抵抗性提升有关。

光合作用是影响作物生长和性能的主要过程，植物 90%～95% 的干物质积累来自光合作用固定的碳（Kruger and Volin, 2006）。叶片直立性是影响密植作物光截获的重要因素，研究表明，施用硅肥可以减小叶片夹角和叶片弯曲度，增加叶片直立性，改善植株冠层结构（Ando et al., 2002）。此外，施用硅肥可以提高作物截光能力（Ma et al., 2002），增加叶肉细胞长宽积、叶片厚度、叶肉导度（Detmann et al., 2012）和叶绿素相对含量，优化叶片结构（孙金阳 等，2024），进而增强光合能力，提高作物干物质积累。这对于缓解增大种植密度和化肥投入量而导致的植株群体结构差、透光通风不良，光合能力受限等问题具有重要意义，对作物种植高产创建具有重大贡献。施用硅肥有利于根系生长区细胞壁伸展性的增加，进而促进作物根系的生长发育，增加根系重量、体积、总表面积、吸附面积和根系生物量（Bocharnikova, 1996; Matichenkov, 1996; 薛醒 等，2023）。施用硅肥可增加植株根冠比，增加根系导水率（Hattori et al., 2008）和根系活力（Chen et al., 2011），在渗透胁迫下这种促进作用更为明显（Ramírez-Olvera et al., 2012）从而提高根系吸收水分和养分的能力。施用硅肥可提高土壤中钙、磷、硫、锰、锌、铜和钼等养分的有效性（Greger et al., 2018；戴黎 等，2021），促进作物对氮、磷、钾、钙、镁、硫等养分的吸收（Shwethakumari et al., 2021），从而增加作物的产量。

此外，需要意识到的是作物生产面临着各种类型的胁迫，而硅元素对于不同类型胁迫缓解可能具有普适性作用。如前文所述，硅可以缓解植物的多种非生物胁迫（如重金属胁迫、盐胁迫、干旱胁迫、高温与低温胁迫、UV-B 辐射胁迫等）、生物胁迫（如虫害和病害）以及由于作物群体结构所带来的上述胁迫（Ma et al., 2004; Nakata et al., 2008; Dias et al., 2014; Ning et al., 2014; 韦还和 等, 2016; Vulavala et al., 2016; Liang et al., 2015; Artyszak, 2018; 闫国超, 2021; 丁红 等, 2023; Epstein, 1999; Liang et al., 2015），有些时候这些胁迫以能够被感知的状态明显或突发地作用于作物生产，有些时候这些胁迫以隐蔽的状态不明显或积累性地作用于作物生产。因此，硅在隐性胁迫条件下对作物生产力的提升可能与硅提高了作物对于这些胁迫的抗性密不可分。

8.3 硅对隐性胁迫下作物生产力作用的影响因素

总体来看，本研究提取的案例中，硅肥对大田种植作物的平均增产率为 16.9%，对盆栽作物的平均增产率为 35.2%。其中，对大田和盆栽粮食作物的平均增产率分别为 17.5% 和 42.6%，对大田和盆栽经济作物的平均增产率分别为 16.3% 和 27.7%。虽然在不同研究区域受到不同气候条件、土壤类型、栽培措施和作物种类的影响，硅肥对全球作物产量总体增产效果明显。但是具体的增产效应差异受到土壤有效硅含量、硅肥种类、硅肥施用量和硅肥施用方式等因素的影响。

不同区域条件下，土壤有效硅的含量会显著影响硅肥对作物产量的提升效果。例如，在美国佛罗里达州有机质含量丰富而有效硅含量低的有机土中，施用硅酸钙矿渣可使水稻增产 39.7%～50.3%，最佳施用量为 10 000kg·hm^{-2}，增加至 15 000kg·hm^{-2}，增产率降低（Datnoff, 1991）（图 8-12a）。在韩国有效硅含量 82.6kg·hm^{-2} 粉壤土中，施用硅酸钙矿渣可使水稻增产 21.7%～44.6%（Ali et al., 2009）（图 8-12b）。在印度的一项研究中，土壤有效硅含量为 270kg·hm^{-2}，硅酸钙施用量为 333kg·hm^{-2}，水稻即可获得最大增产效率 38.7%，进一步增加施硅量至 500kg·hm^{-2}，产量无明显提升（Jinger et al., 2022）（图 8-12c）。施用硅藻土，可使水稻产量提升 3.8%～11.4%，施用量 600kg·hm^{-2} 获得最大增产率（Pati et al., 2016）（图 8-12d）。施用以硅藻为主要原料的矿物硅肥，可使水稻增产 4.9%～9.4%，以 225kg·hm^{-2} 获得最大增产率（韦还和 等, 2016）（图 8-12e）。在 75% 田间持水量水分状况下，施用 100kg·hm^{-2}、200kg·hm^{-2} 和 400kg·hm^{-2} 含 20% 单硅酸的硅肥，可使网纹瓜的产量提升 18.0%～26.7%，其中以 200kg·hm^{-2} 增产效果最佳（Alam et al., 2021）。对于叶面喷施硅肥的增产效果，则受硅肥浓度的影响。例如，对水稻喷施不同浓度的可溶性硅酸，可使水稻增产7.4%～20.4%，其中以4‰浓度增产率最高（Prakash et al., 2011）（图8-12f）。单作大豆、间作大豆叶面喷施硅酸钠可使产量分别提升13.2%～17.4%和10.2%～24.5%，均以200mg·L^{-1}浓度增产效果最佳（Hussain et al., 2021）。作物不同生育时期所需最适施硅量亦存在差异，在油菜生产上，苗期叶面喷施单硅酸可以增产8.3%～14.6%，其中以1.44mmol·L^{-1}浓度产量达到最大；在现蕾期喷施单硅酸可以增产8.2%～23.6%，其中以0.96mmol·L^{-1}浓度产量达到最大（Kuai et al., 2017）。

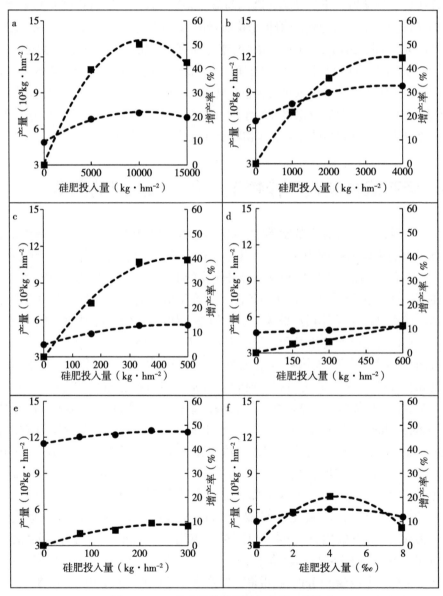

图8-12　不同硅肥的施用量与产量、增产率

a. 硅酸钙矿渣 -47.1% SiO_2；b. 硅酸钙矿渣 -33.5% SiO_2；c. 硅酸钙 -51.4% SiO_2；
d. 硅藻土 -63.7% SiO_2；e. 矿物硅 -70.0% SiO_2；f. 可溶性硅酸 -2.0% SiO_2

此外，不同类型硅肥对作物的增产也有显著的影响。有研究发现，叶面喷施硅酸钾可使水稻增产13.4%～28.6%，叶面喷施稳定硅酸可使水稻增产18.0%～37.2%（Bhagyai et al., 2020）。相较于不施硅处理，施用颗粒硅+液体硅可使甘蔗增产1.8%，增产效果优于单施颗粒硅和液体硅的0.6%和1.1%（Atencio et al., 2019）。对于大麦而言，在0.1g·L^{-1}的施用量下，热解硅石和活化矿渣可使大麦地上部干物质积累量分别增加24.1%和31.3%，而铁渣和商品硅肥对地上部干物质积累量无显著影响；对于豌豆而言，在0.1g·L^{-1}施用量下，活化矿渣和商品硅肥可使豌豆地上部干物质积累量分别增加36.45%和51.4%，而热解硅石和铁渣则对地上部干物质积累量无显著影响（Wei et al., 2016）。在葡萄生产上，施用钢渣肥和水冷渣肥分别可使葡萄增产11.1%和15.5%（Zhang et al., 2017）。

不同施肥模式下，硅肥对作物的产量影响效果不同。蔡德龙等（2002）研究指出，施用900kg·hm^{-2}硅肥可使水稻产量增加19.8%～27.4%，且底施和拔节分次施入效果优于一次性底施。有研究指出，播种后30d，60d和90d叶面喷施3次硅肥可使水稻平均增产15.7%，效果优于播种后30d和60d喷施2次硅肥的33.0%（Bhagya et al., 2020）。一项关于甜菜施硅应用效果的研究发现，相较于不施硅处理，甜菜在6叶期、6叶期后7d和14d喷施3次硅酸钾，6叶期和6叶期后14d喷施2次硅酸钾，6叶期后7d喷施1次硅酸钾可分别使产量增加8.6%、8.6%和8.7%，以6叶期后7d和14d喷施2次硅酸钾增产效果最佳，增产率为14.2%（Artyszak et al., 2021）。作物品种也会对硅肥的增产效果造成影响，如郭小玲等（2023）研究指出叶面喷施硅肥可使抗逆小麦品种新冬33号增产5.31%，使高产小麦品种2012J176增产8.83%。陈进红等（2002）研究指出，施用硅肥可使杂交粳稻增产7.83%，增产效应优于常规粳稻的2.71%。在油菜生产上，施用硅肥可以使抗倒伏油菜品种华油杂62平均增产10.2%，使倒伏敏感型油菜品种沣油520增产3.7%（Kuai et al., 2017）。Zhang等（2017）研究发现，施用硅肥对不同葡萄品种增产效果较为一致，可使无核紫和红地球分别增产13.4%和13.2%。喷施硅酸对不同品种的谷子增产效果不同，GPU-28和K-7增产4.0%～9.0%和5.3%～9.6%，对GPU-67产量无显著影响（Sandhya et al., 2017）。

有研究表明，施用硅肥对作物产量无明显提升作用，但显著提高了作物的品质。例如，一项关于大豆的研究发现，在播种后的21d和36d叶面喷施4‰的硅酸溶液对大豆的产量无显著提升作用，但使大豆油产量提升50.2%（Shwethakumari et al., 2021）。施用5 000kg·hm^{-2}矿渣（462 Si kg·hm^{-2}）对甜瓜产量无显著影响，但是细菌性果斑病发病率降低了12%，果肉厚度增加了6.7%，可溶性固形物含量增加了8.0%（Preston et al., 2021）。在甜菜6叶期喷施1次硅酸钾、6叶期和6叶期后7d喷施2次硅酸钾对产量无显著提升作用，但甜菜的生物糖产量分别提升14.1%、13.7%，纯糖产量分别提升15.0%、14.7%（Artyszak et al., 2021）。

8.4 小结

农业生产中，硅对作物产量的提升作用已在文献分析和田间试验都得到了证实，即使产量没有明显提升的研究中，作物的品质也有一定程度的提高。但是，不同生产条件下硅肥的施用效果存在差异，受到作物类型、土壤有效硅含量、硅肥种类、硅肥施用方式和时间等因素的影响。未来应该加大硅肥普及力度，针对不同区域、不同作物开发不同类型的硅肥，制定适宜的施用方案等，实现作物产量、品质和硅肥利用率的增加，以低碳、绿色、低成本的方式实现农作物单产的大面积提升。

（本章主著：李文倩）

参考文献

蔡德龙，李继明，周敬波，2002. 硅肥在杂交水稻上的肥效研究［J］. 地域研究与开发（3）：75-77.

陈进红，毛国娟，张国平，等，2002. 硅对杂交粳稻干物质与养分积累及产量的影响［J］. 浙江大学学报（农业与生命科学版），（1）：24-28.

戴黎，杜延全，朱建强，2021. 几种土壤调理剂改良大棚种植草莓土壤的效果［J］. 中国土壤与肥料（2）：276-282.

丁红，陈小姝，徐扬，等，2023. 硅肥施用对低温胁迫下花生幼苗生长及生理特性的影响［J］. 花生学报，52（4）：32-39.

郭小玲，艾麦尔·艾散，阿克博塔·木合亚提，等，2023. 冬小麦大田硅肥肥效试验［J］. 农村科技（4）：29-32.

冀建华，李絮花，刘秀梅，等，2019. 硅钙钾镁肥对南方稻田土壤酸度的改良作用［J］. 土壤学报，56（4）：895-906.

李清芳，马成仓，尚启亮，2007. 干旱胁迫下硅对玉米光合作用和保护酶的影响［J］. 应用生态学报（3）：531-536.

孙金阳，曹彩云，郑春莲，等，2024. 灌水和施硅对冬小麦叶片显微结构、光合特性及产量的影响［J］. 中国生态农业学报（中英文），1-12.

仝锦，孙敏，任爱霞，等，2020. 高产小麦品种植株干物质积累运转、土壤耗水与产量的关系［J］. 中国农业科学，53（17）：3467-3478.

韦还和，孟天瑶，李超，等，2016. 施硅量对甬优系列籼粳交超级稻产量及相关形态生理性状的影响［J］. 作物学报，42（3）：437-445.

薛醒，赵潇彤，朱勤棋，等，2023. 不同浓度硅处理对玉米苗期形态和根系特征的影响［J］. 安徽农业科学，51（14）：142-146.

闫国超, 2020. 硅调控水稻耐盐性的生理与分子机制研究［D］. 杭州：浙江大学.

余喜初, 李大明, 黄庆海, 等, 2015. 过氧化钙及硅钙肥改良潜育化稻田土壤的效果研究［J］. 植物营养与肥料学报, 21（1）：138-146.

ABDEL LATEF A A, TRAN L P, 2016. Impacts of priming with silicon on the growth and tolerance of maize plants to alkaline stress[J]. Frontiers in Plant Science, 7: 243.

ALAM A, HARIYANTO B, ULLAH H, et al., 2021. Effects of silicon on growth, yield and fruit quality of cantaloupe under drought stress[J]. Silicon, 13: 3153-3162.

ALI M A, LEE C H, LEE Y B, et al., 2009. Silicate fertilization in no-tillage rice farming for mitigation of methane emission and increasing rice productivity[J]. Agriculture, Ecosystems & Environment, 132(1-2): 16-22.

ALI S, RIZWAN M, ULLAH N, et al., 2016. Physiological and biochemical mechanisms of silicon-induced copper stress tolerance in cotton (*Gossypium hirsutum* L.)[J]. Acta Physiologiae Plantarum, 38: 1-11.

ANDO H, KAKUDA K, FUJII H, et al., 2002. Growth and canopy structure of rice plants grown under field conditions as affected by Si application[J]. Soil Science and Plant Nutrition, 48(3): 429-432.

ARTYSZAK A, 2018. Effect of silicon fertilization on crop yield quantity and quality-a literature review in Europe[J]. Plants, 7(3): 54.

ARTYSZAK A, GOZDOWSKI D, SIUDA A, 2021. Effect of the application date of fertilizer containing silicon and potassium on the yield and technological quality of sugar beet roots[J]. Plants, 10(2): 370.

ATENCIO R, GOEBEL F, GUERRA A, 2019. Effect of silicon and nitrogen on *Diatraea tabernella* Dyar in sugarcane in Panama[J]. Sugar Tech, 21(1): 113-121.

BIDINGER F, MUSGRAVE R B, FISCHER R A, 1977. Contribution of stored pre-anthesis assimilate to grain yield in wheat and barley[J]. Nature, 270(5636): 431-433.

BOCHARNIKOVA E A, 1996. The study of direct silicon effect on root demographics of some cereals[C].//Proceedings of the 5th symposium of the international society of root research. Root demographics and their efficiencies in sustainable agriculture, grasslands, and forest ecosystems, South Carolina: Madrea Conference Conter-Clenson: 14-18.

BORGES B M M N, De ALMEIDA T B F, De MELLO PRADO R, 2016. Response of sugarcane ratoon to nitrogen without and with the application of silicon[J]. Journal of Plant Nutrition, 39(6): 793-803.

CHAIN F, CÔTÉ-BEAULIEU C, BELZILE F, et al., 2009. A comprehensive transcriptomic analysis of the effect of silicon on wheat plants under control and pathogen stress conditions[J]. Molecular Plant-microbe Interactions, 22(11): 1323-1330.

CHEN D, CAO B, QI L, et al., 2016. Silicon-moderated K-deficiency-induced leaf chlorosis by decreasing putrescine accumulation in sorghum[J]. Annals of Botany, 118(2): 305–315.

CHEN W, YAO X, CAI K, et al., 2011. Silicon alleviates drought stress of rice plants by improving plant water status, photosynthesis and mineral nutrient absorption[J]. Biological Trace Element Research, 142: 67–76.

CUNHA A C M C, OLIVEIRA M L D, CABALLERO E C, et al., 2012. Growth and nutrient uptake of coffee seedlings cultivated in nutrient solution with and without silicon addition[J]. Revista Ceres, 59: 392–398.

DATNOFF L E, 1991. Effect of calcium silicate on blast and brown spot intensities and yields of rice[J]. Plant Disease, 75(7): 729.

DETMANN K C, ARAÚJO W L, MARTINS S C, et al., 2012. Silicon nutrition increases grain yield, which, in turn, exerts a feed - forward stimulation of photosynthetic rates via enhanced mesophyll conductance and alters primary metabolism in rice[J]. New Phytologist, 196(3): 752–762.

DIAS P, SAMPAIO M V, RODRIGUES M P, et al., 2014. Induction of resistance by silicon in wheat plants to alate and apterous morphs of *Sitobion avenae* (Hemiptera: Aphididae)[J]. Environmental Entomology, 43(4): 949–956.

ELAWAD S H, GREEN V J, 1979. Silicon and the rice plant environment: review of recent research[J]. Riso, 28(3): 235–253.

EPSTEIN E, 1994. The anomaly of silicon in plant biology[J]. Proceedings of the National Academy of Sciences, 91(1): 11–17.

EPSTEIN E, 1999. Silicon[J]. Annual Review of Plant Biology, 50(1): 641–664.

EPSTEIN E, 2009. Silicon: its manifold roles in plants[J]. Annals of Applied Biology, 155(2): 155–160.

ETESAMI H, JEONG B R, 2018. Silicon (Si): Review and future prospects on the action mechanisms in alleviating biotic and abiotic stresses in plants[J]. Ecotoxicology and Environmental Safety, 147: 881–896.

FAUTEUX F, CHAIN F, BELZILE F, et al., 2006. The protective role of silicon in the Arabidopsis–powdery mildew pathosystem[J]. Proceedings of the National Academy of Sciences, 103(46): 17554–17559.

FLORA C, KHANDEKAR S, BOLDT J, et al., 2019. Silicon alleviates long–term copper toxicity and influences gene expression in *Nicotiana tabacum*[J]. Journal of Plant Nutrition, 42(8): 864–878.

GLICK B R, 2014. Bacteria with ACC deaminase can promote plant growth and help to feed the world[J]. Microbiological Research, 169(1): 30–39.

GÓMEZ–MERINO F C, TREJO–TÉLLEZ L I, 2018. The role of beneficial elements in triggering adaptive responses to environmental stressors and improving plant performance[J]. Biotic and Abiotic Stress Tolerance in Plants: 137–172.

GREGER M, LANDBERG T, VACULÍK M, 2018. Silicon influences soil availability and accumulation of mineral nutrients in various plant species[J]. Plants, 7(2): 41.

GUNTZER F, KELLER C, MEUNIER J, 2012. Benefits of plant silicon for crops: a review[J]. Agronomy for Sustainable Development, 32: 201–213.

HAJIBOLAND R, MORADTALAB N, ESHAGHI Z, et al., 2018. Effect of silicon supplementation on growth and metabolism of strawberry plants at three developmental stages[J]. New Zealand Journal of Crop and Horticultural Science, 46(2): 144–161.

HATTORI T, SONOBE K, ARAKI H, et al., 2008. Silicon application by sorghum through the alleviation of stress-induced increase in hydraulic resistance[J]. Journal of Plant Nutrition, 31(8): 1482–1495.

HODSON M J, WHITE P J, MEAD A, et al., 2005. Phylogenetic variation in the silicon composition of plants[J]. Annals of Botany, 96(6): 1027–1046.

Horticulturae, 225: 757–763.

HUSSAIN S, MUMTAZ M, MANZOOR S, et al., 2021. Foliar application of silicon improves growth of soybean by enhancing carbon metabolism under shading conditions[J]. Plant Physiology and Biochemistry, 159: 43–52.

JINGER D, DHAR S, DASS A, et al., 2022. Co-fertilization of silicon and phosphorus influences the dry matter accumulation, grain yield, nutrient uptake, and nutrient-use efficiencies of aerobic rice[J]. Silicon: 1–15.

KATZ O, PUPPE D, KACZOREK D, et al., 2021. Silicon in the soil–plant continuum: Intricate feedback mechanisms within ecosystems[J]. Plants, 10(4): 652.

KELLER C, RIZWAN M, DAVIDIAN J, et al., 2015. Effect of silicon on wheat seedlings (*Triticum turgidum* L.) grown in hydroponics and exposed to 0 to 30 μM Cu[J]. Planta, 241: 847–860.

KRUGER E L, VOLIN J C, 2006. Reexamining the empirical relation between plant growth and leaf photosynthesis[J]. Functional Plant Biology, 33(5): 421–429.

KUAI J, SUN Y, GUO C, et al., 2017. Root-applied silicon in the early bud stage increases the rapeseed yield and optimizes the mechanical harvesting characteristics[J]. Field Crops Research, 200: 88–97.

LATHA M, CH S R, 2020. Effect of different sources and methods of silicon application on direct sown rice[J]. Journal of Pharmacognosy and Phytochemistry, 9(5): 461–465.

LIANG Y, NIKOLIC M, BÉLANGER R, et al., 2015. Silicon-mediated tolerance to salt stress[J]. Silicon in Agriculture: From Theory to Practice: 123–142.

MA J F, MITANI N, NAGAO S, et al., 2004. Characterization of the silicon uptake system and molecular mapping of the silicon transporter gene in rice[J]. Plant Physiology, 136(2): 3284–3289.

MA J F, TAKAHASHI E, 2002. Soil, fertilizer, and plant silicon research in Japan[M]. New York: Elsevier.

MATICHENKOV V V, 1996. The silicon fertilizer effect of root cell growth of barley[C]. Abstract in the 5th symposium of the international society of root research, South Carolina: Clemson, 110.

MITANI N, MA J F, 2005. Uptake system of silicon in different plant species[J]. Journal of Experimental Botany, 56(414): 1255–1261.

NAKATA Y, UENO M, KIHARA J, et al., 2008. Rice blast disease and susceptibility to pests in a silicon uptake-deficient mutant lsi1 of rice[J]. Crop Protection, 27(3–5): 865–868.

NING D, SONG A, FAN F, et al., 2014. Effects of slag-based silicon fertilizer on rice growth and brown-spot resistance[J]. PLoS ONE, 9(7): e102681.

NWUGO C C, HUERTA A J, 2011. The effect of silicon on the leaf proteome of rice (*Oryza sativa* L.) plants under cadmium-stress[J]. Journal of Proteome Research, 10(2): 518–528.

PATI S, PAL B, BADOLE S, et al., 2016. Effect of silicon fertilization on growth, yield, and nutrient uptake of rice[J]. Communications in Soil Science and Plant Analysis, 47(3): 284–290.

PAVLOVIC J, SAMARDZIC J, MAKSIMOVIĆ V, et al., 2013. Silicon alleviates iron deficiency in cucumber by promoting mobilization of iron in the root apoplast[J]. New Phytologist, 198(4): 1096–1107.

PRAKASH N B, CHANDRASHEKAR N, MAHENDRA C, et al., 2011. Effect of foliar spray of sos of Karnataka, South India[J]. Journal of Plant Nutrition, 34(12): 1883–1893.

PRESTON H A F, DE SOUSA NUNES G H, PRESTON W, et al., 2021. Slag-based silicon fertilizer improves the resistance to bacterial fruit blotch and fruit quality of melon grown under field conditions[J]. Crop Protection, 147: 105460.

RAMÍREZ-OLVERA S M, TREJO-TÉLLEZ L I, GÓMEZ-MERINO F C, et al., 2021. Silicon stimulates plant growth and metabolism in rice plants under conventional and osmotic stress conditions[J]. Plants, 10(4): 777.

SANDHYA T S, PRAKASH N B, NAGARAJA A, et al., 2020. Effect of foliar silicic acid on growth, nutrient uptake and blast disease resistance of finger millet (*Eleusine coracana* (L.) *Gaertn.*)[J]. Int. J. Curr. Microbiol. Appl. Sci, 9(4): 2111–2121.

SAVANT N K, KORNDÖRFER G H, DATNOFF L E, et al., 1999. Silicon nutrition and sugarcane production: a review[J]. Journal of Plant Nutrition, 22(12): 1853–1903.

SHWETHAKUMARI U, PALLAVI T, PRAKASH N B, 2021. Influence of foliar silicic acid application on soybean (*Glycine max* L.) varieties grown across two distinct rainfall years[J]. Plants, 10(6): 1162.

SINGH T, SINGH P, SINGH A, 2021. Silicon significance in crop production: Special consideration to rice: An overview[J]. J. Pharm. Innov, 10: 223-229.

TUBANA B S, BABU T, DATNOFF L E, 2016. A review of silicon in soils and plants and its role in US agriculture: history and future perspectives[J]. Soil science, 181(9/10): 393-411.

VULAVALA V K, ELBAUM R, YERMIYAHU U, et al., 2016. Silicon fertilization of potato: expression of putative transporters and tuber skin quality[J]. Planta, 243: 217-229.

WINSLOW M D, OKADA K, CORREA-VICTORIA F, 1997. Silicon deficiency and the adaptation of tropical rice ecotypes[J]. Plant and Soil, 188: 239-248.

XIAO W, YUQIAO L, QIANG Z, et al., 2016. Efficacy of Si fertilization to modulate the heavy metals absorption by barley (*Hordeum vulgare* L.) and pea (*Pisum sativum* L.)[J]. Environmental Science and Pollution Research, 23: 20402-20407.

YAN G, FAN X, PENG M, et al., 2020. Silicon improves rice salinity resistance by alleviating ionic toxicity and osmotic constraint in an organ-specific pattern[J]. Frontiers in Plant Science, 11: 260.

ZHANG M, LIANG Y, CHU G, 2017. Applying silicate fertilizer increases both yield and quality of table grape (*Vitis vinifera* L.) grown on calcareous grey desert soil[J]. Scientia

第九章
逆境非常规营养两个推论与逆境植物营养学的两个基本问题

9.1 关于逆境非常规营养的两个推论

本书前文对硅——这一最丰富的非常规营养元素在盐碱、气象、重金属、病虫害等明显胁迫和常规生产条件不明显胁迫条件下的增产抗逆机理和效果进行了详细报道。从这些报道中的证据，不难得到以下若干推论（图9-1）。

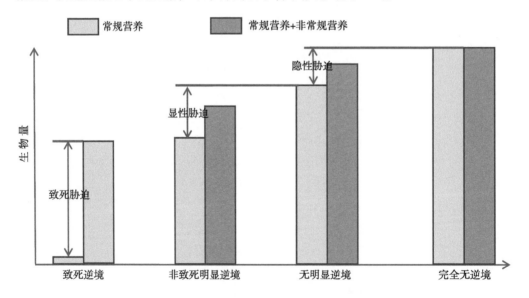

图 9-1 逆境非常规营养必需假说推论示意

（1）非常规营养对于增加作物生产力具有普适性。由前文案例可知，在可达到致死程度的胁迫下，采用常规营养并不能保障完成植物的生命周期，而在添加非常规营养后，植物可以完成其生命周期（图9-1），因此，在该种逆境程度下，非常规营养对于植物而言是必需的。在前文第四章至第七章所报道的气象、盐碱、重金属、病虫害等非致死明显逆境中，发现非常规营养素应用对于逆境胁迫起到了明显缓解作用。不仅如此，从第八章所报道的无明显逆境的案例中，可以发现非常规营养依然有明显的生产力提升效果。从这些现象得出，非常规营养具有增加作物生产力的普适性作用，可能只有在完全无逆境的条件下非常规营养对作物生产力才会完全没有影响。如第一章所述，"完全无逆境"可能只是一个理想的状态，在当前的农业生产中几乎是不可能存在的。在一个生态系统中，气象、土壤、作物群体、病虫害总会或多或少，单一或交互地阻碍植物的生长，而且在全球生态系统无序化演进过程中，对于植物而言的逆境总体呈增加趋势。

（2）非常规营养对于逆境胁迫的缓解能力具有两面性。通过前文所总结的观测试验，我们发现非常规营养在逆境条件下与作物生物量之间可能具有3种关系类型（图9-2）：①直线型关系，即生物量随着非常规营养投入量增加而线性增加；②对数型关系，即随着非常规营养的投入量增加生物量先快速上升，后趋于平缓；③单峰型关系，即生物量随着非常规营养投入量增加先增加，继续增加则出现抑制作用。从前文中在各种类型胁迫的案例中发现，常规营养对于逆境胁迫抵抗能力的提升不是无限的，其在一定

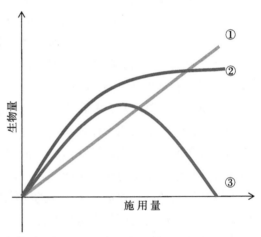

图9-2 非常规营养投入与生物量之间的三种关系类型

范围内对逆境胁迫抵抗能力的提升随着非常规营养投入量的增加而提高，但达到一定数值后可能出现反作用。这一推断从第五章和第六章的相关图表中可以看出。这意味着，尽管非常规营养对作物生产力的提升是具有普适性的，但人们却不能无限使用非常规营养进行作物生产力提升，同17种植物必需元素一样，非常规营养同样具有边际效应递减规律和适宜浓度临界点。

9.2 关于未来逆境植物营养学发展的两个问题

当前植物营养学发展建立在"植物对养分需求"的核心逻辑之上，在这一逻辑下，植物营养学所需要解决的基本问题是：①作物形成一定生物量需要多少必需养分元素？②土壤能够供应多少养分元素？③作物所需要但土壤不能供应的，如何通过肥料进行补充？而逆境非常规营养必需假说下，植物营养学不仅要考虑"植物对

养分的需求",还要考虑"逆境对养分的需求",只有采用一定的营养策略,消减逆境因素对植物正常生长的影响,考虑"植物对养分的需求"才会发挥最大效应,而如果在逆境因素下,不采取相关的营养策略,仅考虑"植物对养分的需求",势必无法获得最佳的生产力。因此,在逆境条件下,植物营养学所额外需要解决的问题是:①不同逆境条件下需要哪些和多少非常规营养?②土壤能供应哪些和多少非常规营养?③逆境所需要但土壤不能供应的,如何通过肥料进行补充?需要注意的是,逆境植物营养学不是对当前植物营养学的否定,而是对非逆境条件下植物营养相关理论的延伸和发展,以植物养分需求为导向的植物营养学是逆境植物营养学的基础,无论是否具有逆境胁迫,植物都需要必需营养元素。

逆境存在的普遍性和非常规营养生产力提升的普适性为掀起新一轮的全球作物产量、品质提升提供了重要理论支撑,但逆境植物营养学的发展仍面临两个重要科学问题:①非常规营养单一和组合效应定量化。如前文所示,目前科学界已经发现氨基酸、小分子碳水化合物等非矿物质和硅、硒、铈、钛等非必需元素具有逆境胁迫缓解效应,然而这些非常规营养是否同必需元素一样具有大、中、微量逆境需求?不同非常规营养对逆境胁迫的缓解效应与使用剂量之间的关系具有怎样的差异,不同逆境营养之间、非常规营养与常规营养之间是否存在交互作用需要进行进一步探讨;②逆境预测、评估与非常规营养精准施用问题。任何肥料的施用都具有施用成本和潜在的环境影响,而如何根据逆境情况精准地进行非常规营养投入是当前逆境植物营养学中尚未解决的问题。这一问题的解决可能涉及两方面的技术:一是逆境胁迫的预测、评估技术。有的逆境胁迫是既有存在的,如土壤盐碱化,这些既有的胁迫可以通过测量方法进行定量化评价,但有的逆境胁迫是需要预测的,如未来的气象灾害胁迫。逆境非常规营养不能在未来胁迫到来时,再去补救性施用,通过预测提前施用以提高未来逆境抗性并在灾害来临之前结合既有的施肥模式进行非常规营养施用是主要的施用方法,而超长期气候预测目前来看在准确度方面仍有待进一步提高;二是不同非常规营养与不同逆境胁迫程度的量化匹配。在植物逆境胁迫定量化预测和评价基础上,如何精准地采用一定数量的非常规营养以及不同非常规营养搭配形成对逆境胁迫的精准缓解,是提高非常规营养生产力提升效果的基础,但目前在这方面的研究仍然匮乏。

这两个科学问题的解决,将迎来植物营养学科全新的发展阶段。植物营养学将从单纯考虑"植物对营养需求"的单一导向转向"植物对营养需求"+"逆境对营养需求"的双重导向。从肥料产业来看,将在目前的各种"作物配方"肥料基础上,会产生"逆境配方"的新型肥料品类,也会产生"作物配方+逆境配方"的复配肥料品类,从施肥方法上,会产生以逆境预测、定量评估为基础的逆境非常规营养施肥模型。相关的可预见的逆境植物营养理论与技术发展可能在对植物营养管理产生变革的同时,对农业田间管理措施和工程措施产生深刻影响。例如,在低温条件下进行温室生产,如果低温胁迫是可以被非常规营养精准缓解,那么种植人员就可以清楚在什么条件下可以完全不用建造暖棚,不使用加热装备;在干旱少水情

第九章 逆境非常规营养两个推论与逆境植物营养学的两个基本问题

况下,如果种植人员清楚地了解非常规营养可以缓解干旱胁迫的程度,就可以确定在什么样的条件下可以完全不用修建昂贵的水利设施;如果一块农田位于水源保护地,无法高强度地施用氮磷元素进行产量提升,那么完全有可能使用非常规营养在面临其他元素养分胁迫时保障产量;在有机农业等特定生产系统中,如果明确地知道非常规营养对病虫害抗性的提升效果,就有机会实现在完全不使用农药情况下缓解病虫害侵害。

回归到本书第一章所提到的第二次绿色革命,当前农业发展需要给出如何在不继续破坏生态环境的前提下产出更多的食物以满足未来人口增长需求,并且需要在这一过程中克服由于工业革命和第一次绿色革命所带来的全球气候变化和土壤退化等逆境因素影响。虽然作物育种、农田建设、土壤修复等工程正在全球范围大面积开展,但受限于开发周期和投资成本,对全球农业生产促进作用相对缓慢。而非常规营养在全球的应用是低成本的,相应技术开发周期是相对较短的,充分利用非常规营养进行全球农业产量、质量大面积均衡提升具有较高的可行性。为此,本书呼吁更多的研究人员可以加入逆境非常规营养作用机理和应用技术的研究当中。相信在不久的将来,逆境非常规营养理论会为第二次绿色革命提供强有力的支撑。

(本章主著:陈保青)

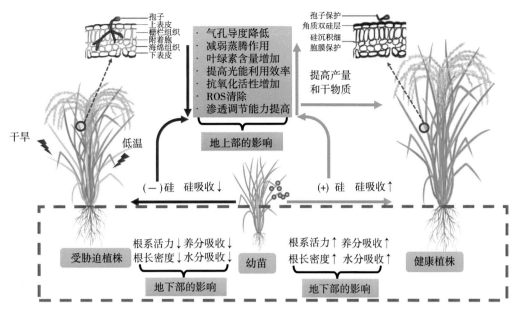

图 4-1　硅肥调控植物干旱低温逆境机理（彩图 1）

图 5-2　单硅酸水溶肥航化作业缓解逆境危害效果（彩图 2）

（2023 年 5 月 23 日拍摄于淄博市高青县常家镇沙李村）

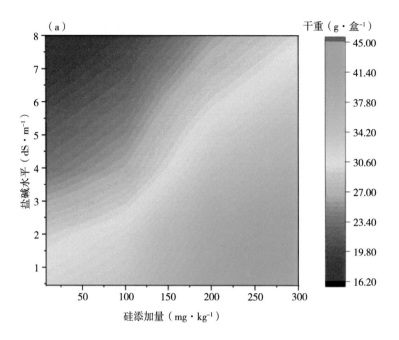

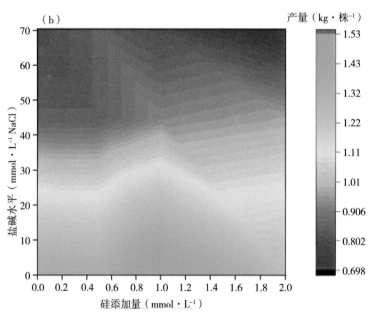

图 5-3 不同盐碱水平下硅添加量对作物干物质积累的影响（彩图 3）

［图 a 根据 Saleh 等（2019）报道数据整理，试验所使用硅肥类型为单硅酸，盐碱水平通过在盆栽基质中添加混合盐进行设置，混合盐比例为 $NaCl : Na_2SO_4 : CaCl_2 : MgSO_4 = 4 : 2 : 2 : 1$；图 b 根据 Korkmaz 等（2017）报道数据整理，试验所使用硅肥类型为单硅酸，盐碱水平通过添加 NaCl 进行设置］

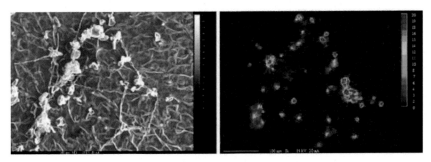

图 7-1 硅在黄瓜叶片病害感染部位的积累（彩图 4）

（不同颜色表示 Si 的浓度，其中红色表示 Si 的最高浓度，黑色表示没有 Si）（Samuels et al., 1991）

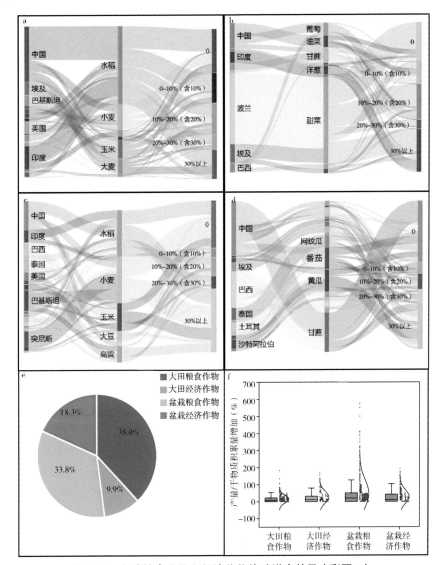

图 8-2 全球粮食作物和经济作物施硅增产效果（彩图 5）

a. 不同国家大田粮食作物施硅增产率；b. 不同国家大田经济作物施硅增产率；c. 不同国家盆栽粮食作物施硅增产率；d. 不同国家盆栽经济作物施硅增产率；e. 全球作物施硅分布；f. 全球作物施硅增产率（无显著增产效果以 0 表示，下同）

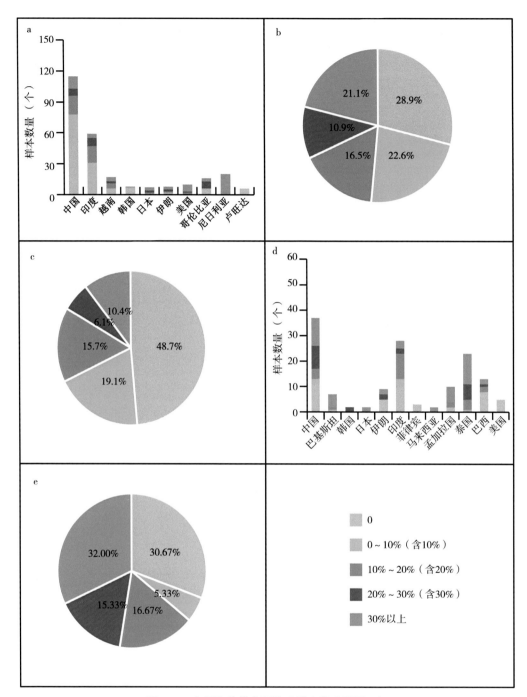

图 8-3 大田和盆栽水稻施硅增产率（彩图 6）

a. 全球不同国家大田水稻施硅观测样本分布；b. 全球大田水稻施硅增产率分布；
c. 中国大田水稻施硅增产率分布；d. 全球不同国家盆栽水稻施硅观测样本分布；
e. 全球盆栽水稻施硅增产率分布

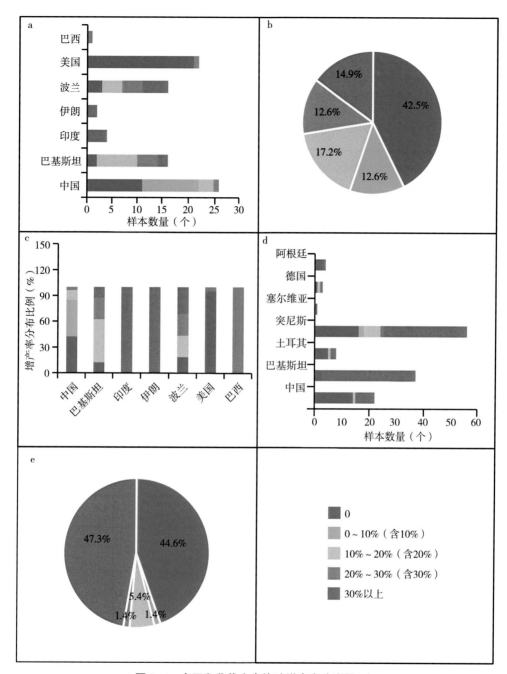

图 8-4 大田和盆栽小麦施硅增产率（彩图 7）

a. 不同国家大田小麦施硅观测样本分布；b. 全球大田小麦施硅增产率分布；
c. 不同国家大田小麦施硅增产率分布；d. 不同国家盆栽小麦施硅观测样本分布；
e. 全球盆栽小麦施硅增产率分布

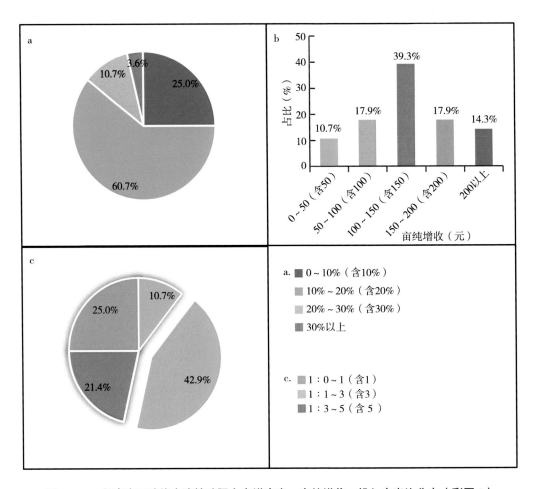

图 8-7　一般高产田喷施水溶性硅肥小麦增产率、亩纯增收、投入产出比分布（彩图 8）

a. 施硅增产率分布；b. 施硅亩纯增收分布；c. 施硅投入产出比分布

图 8-8　无人机航化喷施含硅水溶肥提升一般高产田小麦叶片叶绿素含量和光合效率效果（彩图 9）

（2023 年 5 月 10 日拍摄于淄博市高新区，左侧为对照地块，右侧为硅肥施用地块）

图 8–9　无人机航化喷施含硅水溶肥延长旱田小麦叶片功能期效果（彩图 10）

（2023 年 5 月 20 日拍摄于淄博市文昌湖区，左侧为对照地块，右侧为硅肥施用地块）